HEYNE
BUSINESS

DAVID PACKARD

Die Hewlett Packard Story

Wie Bill Hewlett und ich unser Unternehmen aufbauten

Aus dem Amerikanischen
von FRIEDRICH MADER

Wilhelm Heyne Verlag
München

HEYNE BUSINESS
22/1043

Titel der amerikanischen Originalausgabe:
THE HP WAY
Erschienen 1995 bei HarperBusiness,
A Division of HarperCollins, New York

Umwelthinweis:
Dieses Buch wurde auf chlor- und
säurefreiem Papier gedruckt.

Ungekürzte Taschenbuchausgabe
im Wilhelm Heyne Verlag GmbH & Co. KG, München

Printed in Germany 1998
Umschlaggestaltung: Atelier Adolf Bachmann, Reischach
Technische Betreuung: M. Spinola
Satz: Datentechnik Rudolf Schaber, Wels
Druck und Verarbeitung: Presse-Druck, Augsburg

ISBN 3-453-14183-0

Dieses Buch ist dem Andenken an unsere
Frauen Flora und Lucile gewidmet.

Ihre unermüdliche Unterstützung und
aktive Teilnahme in den frühen Jahren des
Unternehmens haben den Grundstein
gelegt für den ›HP-Way‹.

Inhalt

Vorwort

Im Herbst 1930 verließ ich meine Heimatstadt Pueblo in Colorado, um mich an der Stanford University einzuschreiben. Dort traf ich einen anderen Studienanfänger: Bill Hewlett.

Wenn in diesen Tagen ein Student eine Laufbahn in einem technischen Bereich anstrebte, war es möglich, Naturwissenschaften und Mathematik in den ersten zwei Studienjahren des Grundstudiums zu belegen.

Ich hatte mich für den Beruf des Elekroingenieurs entschieden, und Bill schwankte noch zwischen Medizin und einem technischen Beruf, so daß wir während unserer ersten beiden Jahre viele Kurse gemeinsam besuchten.

In unserem Abschlußjahr waren wir dann gute Freunde. Durch eine Kombination von Umständen, die ich auf den folgenden Seiten beschreiben werde, hatten sich Bill, einige Freunde und ich dazu entschlossen, nach unserem Universitätsabschluß unser eigenes Unternehmen aufzubauen.

Tatsächlich fingen wir damit aber erst einige Jahre später an, nämlich 1939. In den ersten Geschäftsjahren der Hewlett-Packard Company entwickelten Bill und ich einen Führungsstil, der für das Management jener Tage außergewöhnlich war und später als der ›HP Way‹ bekannt wurde.

Dieses Buch erzählt die Geschichte von Bill und mir und der Hewlett-Packard Company. Es beschreibt, wie wir unser Leben dem Aufbau und der Führung der Firma widmeten.

Kapitel 1

Von Pueblo nach Stanford

Wenn wir älter werden, haben wir die Möglichkeit, über viele Jahre zurückzublicken und zu sehen, wie gewisse Ereignisse, die früher unwichtig schienen, weitreichende Auswirkungen auf den Verlauf unserer persönlichen und beruflichen Entwicklung hatten.

In meinem eigenen Fall gab es zwei solcher Ereignisse. Eines davon fiel in den Sommer 1929, als ich die Stanford University besichtigte. Bei diesem Besuch traf ich meine Entscheidung für diese Universität. Das zweite Ereignis, das mit dem ersten unmittelbar zusammenhängt, war meine Bekanntschaft mit Professor Fred Terman an der Stanford University. Es war Fred, der mein Interesse für Elektronik weckte und der später Bill und mich ermutigte und uns half, ein eigenes Unternehmen zu gründen.

Sein Interesse und Vertrauen in unsere Fähigkeiten, trotz unserer jungen Jahre und inmitten der großen Depression, erfüllte uns mit Zuversicht und half uns, unseren eigenen Weg zu finden.

Ich wurde 1912 in Pueblo, Colorado, geboren. Mein Vater war Anwalt und meine Mutter Lehrerin an einer Highschool. Sie lernten sich am Colorado College in Colorado Springs kennen und zogen nach ihrer Heirat nach Pueblo, wo mein Vater zu Hause war. Meine jüngere Schwester Ann Louise wurde 1915 geboren.

1912 glich Pueblo weniger einem Bauernnest im Mittleren Westen als eher einer westlichen Grenzstadt. Es gab ein Stahlwerk und verschiedene Gießereien, die Erz aus Leadville und anderen Minen aus den westlichen Rocky

Mountains verhütteten. Pueblo hatte den Ruf einer gewalttätigen und unbarmherzigen Stadt, der den zugewanderten Arbeitern, einigen Gangstern und Unmengen von Bordellen und Spelunken zu verdanken war. Straßenkämpfe und Schießereien waren an der Tagesordnung.

Wir wohnten im Norden der Stadt, gleich dahinter fing die Prärie an. Wenn ich die Straße vor unserem Haus überquerte, konnte ich Krötenechsen finden (die heutzutage fast ausgestorben sind) und wilde Zwiebeln und Kakteen, in denen sich häufig Klapperschlangen versteckten.

Wir konnten über die Prärie den 50 Meilen nördlich gelegenen Pikes Peak sehen und auch den 30 Meilen westlich gelegenen Wet Mountain Range. Ich verbrachte viele Stunden damit, die Prärie zu durchstreifen, manchmal mit Freunden oder auch allein, bis dann mit Beginn der Highschool das Lernen und die Schulaktivitäten viel Zeit in Anspruch nahmen. Aber diese frühen Eindrücke haben meine Liebe zur Natur geweckt. Zu meinen frühesten Erinnerungen an Pueblo gehört die große Überschwemmung von 1921. Ich weiß noch genau, wie ich mit meinem Vater damals durch die Stadt ging und der Schlamm dort 4 Fuß hoch lag. Besonders faszinierte mich der Anblick eines Güterwaggons, der im zweiten Stock eines Verwaltungsgebäudes feststeckte. Die Army wurde zu Hilfe gerufen und rückte mit einer ganzen Armada von LKWs an, um den Schlamm und Schutt aus der Stadt zu schaffen und ihn ungefähr eine Meile von unserem Haus entfernt in der Prärie abzuladen. Einige Kinder aus der Nachbarschaft stürmten hin und durchsuchten den Schlamm, weil sie hofften, vielleicht etwas Wertvolles zu finden. Aber ich kann mich nicht daran erinnern, daß sie etwas Brauchbares entdeckten.

Unser Haus in Pueblo stand an der Ecke Twenty-nineth Street/Highstreet. Es war von der Twenty-nineth Street zurückgesetzt und hatte einen großen Garten, der von einer Hecke aus lila Büschen in zwei fast gleichgroße Hälften geteilt wurde. In der vorderen Hälfte befand sich eine Rosenlaube, ein Pfingstrosenbeet sowie eine Rasenfläche, in der hinteren Hälfte gab es einige Obstbäume, einen Gemüsegarten und einen Teich, der von wildwachsenden Blumen umgeben war.

Mein Vater hatte kein Interesse an der Gartenarbeit, und so war der Garten ganz die Sache meiner Mutter. Ich fing schon früh an, ihr im Garten zu helfen, wahrscheinlich hatte ich deshalb mein ganzes Leben lang Freude an der Gartenarbeit. Ich fand, daß es eine außergewöhnlich entspannende Tätigkeit war, die einen schnell die Sorgen der Welt vergessen ließ. Als Erwachsener hatte ich überall, wo ich arbeitete, einen Garten, und jetzt, da ich im Ruhestand bin, freue ich mich, daß ich mehr Zeit dafür habe. Ich habe außerdem ein lebhaftes Interesse an der Landwirtschaft und der Viehzucht.

Dave Packard mit seiner Mutter Ella vor dem Garten in Pueblo, Colorado, 1922.

Frühe Experimente

Schon als kleines Kind muß ich wohl eine starke Neigung zu den Naturwissenenschaften und zur Mathematik gehabt haben. Da meine Eltern nichts dagegen hatten, verbrachte ich unzählige Stunden mit der *World Book Encyclopedia* und las darin alles, was irgendwie mit Technik zu tun hatte. Außerdem führte ich meine eigenen Experimente durch. Ich weiß noch genau, wie mich als kleiner Junge Fotos mit Eisenbahnen, Brücken, Motoren, Generatoren und ähnlichem Gerät fasziniert haben. Ich versuchte, einige dieser Dinge mit kleinen Modellen nachzubauen. In der Gasse hinter unserem Haus wohnte Lloyd Penrose, der etwas älter war als ich. Seine Mutter und seine Schwester hatten Tuberkulose, und deshalb arbeitete Lloyd abends in einem Vergnügungspark am anderen Ende der Stadt. Er half mir auch beim Bau meiner Modelle und meinen Basteleien, und wir wurden gute Freunde. Später ging er zur Navy, da er sich den Collegebesuch nicht leisten konnte. Wir hatten noch über viele Jahre Kontakt miteinander.

Auch für Sprengstoffe habe ich mich als Kind sehr interessiert. Mit Freunden stellte ich Schießpulver her, wobei wir statt des üblichen Natriumnitrats Ammoniumnitrat benutzten, das die Wirkung verstärkte. Auch Ammoniumjodid machten wir selbst. Zu diesem Zweck lösten wir Jodkristalle in Ammonium auf und filterten das Ammoniumjodid mit Filterpapier heraus. Wenn es trocken war, reichte eine Berührung, um es zur Explosion zu bringen.

Ungefähr eine Meile von unserem Haus entfernt lag ein Sandwerk, wo Sprengstoff in 5-Gallonen-Fässern gelagert wurde. Oft fanden wir in den leeren Fässern noch ein oder zwei Teelöffel des Pulvers und hatten damit eine weitere Quelle.

Ich bekam eines Tages dann am eigenen Leib zu spüren, daß das Spielen mit Sprengstoff ein gefährlicher Zeitvertreib ist: Als ich einmal ein mit Sprengstoff gefülltes Kupferrohr in der linken Hand hielt und mit dem Hammer auf das Ende des Rohrs schlug, um es zu verschließen, explodierte die Füllung! Lloyd war dabei und half mir, die blutende Hand in ein Stück Stoff einzuwickeln. Dann gingen wir zu Dr. Wise, um die Wunde nähen zu lassen. Er war nicht gerade ein begnadeter Arzt, und seither lebe ich mit einem verkrüppelten linken Daumen. Überflüssig zu sagen, daß meine Experimente damit zu Ende waren.

Eine andere Leidenschaft, die ich schon in jungen Jahren entwickelte, war die Radiotechnik. Ich erinnere mich noch an meine erste Rundfunkröhre. Auf unserem Eßzimmertisch verband ich sie mit einem Drehkondensator, einer Spule, der benötigten Spannungsquelle und einem Kopfhörer. Was war das für eine Aufregung, als wir den Sender WHO aus Des

Radio 9DRV, Dave Packards Amateurfunkstation in Pueblo, 1928.

Moines empfangen konnten, der erstaunliche sechshundert Meilen von Pueblo entfernt war! Im Alter von zwölf Jahren baute ich schon einen relativ komplizierten Röhrenempfänger zusammen. Als ich in die Centennial High School eintrat, war ich bereits Amateurfunker und wurde zum Sekretär des San Isabel Radio Clubs gewählt. Dadurch hatte ich die Möglichkeit, an den landesweiten Funkamateurtagungen in Denver teilzunehmen.

Mein Vater war kein Angler, aber ich hatte einen Freund, Wendell Spear, dessen Familie jeden Sommer zwei Wochen lang am Gunnison River angelte und mich öfters mitnahm. So erwachte mein Interesse am Forellenfischen, als ich ungefähr zehn war. Damals gab es eine Fanggrenze von fünfzig Forellen pro Tag. Keiner von uns hatte Probleme, diese Zahl zu erreichen. Ich weiß noch, wie mühsam es war, einen Korb voller Fische auf dem Rücken meilenweit zum Lagerplatz zurückzuschleppen. Die Spears hatten immer kleine Holzfässer dabei, um Forellen für den Winter einzupökeln. Am Abend hängten wir die Fische an einer Leine zum Trocknen auf und legten sie am Morgen in ein Faß – eine Lage Fisch, dann eine Lage Salz und so weiter, bis es voll war. Wenn die Fässer im Winter geöffnet wurden, war praktisch kein Geschmacksunterschied zwischen Fisch und Salz mehr festzustellen. Es wäre viel besser gewesen, den Fisch zu räuchern, aber keiner von uns wußte wie. Während meiner Highschool-Zeit ging ich dann jeden Sommer mit ein paar Freunden eine oder zwei Wochen zum Angeln. Wir verzichteten jedoch aus guten Gründen auf das Einlegen.

Als ich elf Jahre alt war, kaufte mir mein Vater ein Pony namens Laddie. Es war ein ziemlich großer Hengst und ein echtes Energiebündel. Wenn ich ihn am Morgen nach dem Satteln bestieg, bockte er und bäumte sich auf. Wenn ihm dann mein Vater mit einem Besen einen Schlag aufs Hinterteil versetzte, rannte er in gestrecktem Galopp durchs Tor auf die Twenty-nineth Street Richtung Prärie. Sah er dann eine Stelle, wo Luzernen wuchsen, galoppierte er mit voller Ge-

Dave Packard hält Laddies Zügel für seine Schwester Ann-Louise, 1928.

schwindigkeit darauf zu und stoppte abrupt, um zu fressen. So flog ich über seinen Kopf und landete unsanft auf dem Boden. Laddie kannte alle Tricks, um einen Reiter loszuwerden: Zum Beispiel lief er ganz dicht an einem Stacheldrahtzaun vorbei, um ihn daran quasi abzustreifen. Mein Vater wollte aber nichts von Kleinbeigeben hören, und so lernte ich, Laddie doch noch in den Griff zu bekommen, und schließlich wurden wir gute Freunde. Oft ritt ich mit Laddie zur Jagd in die Prärie hinaus. Bei einem der letzten Ausritte, an die ich mich erinnern kann, trat er in vollem Galopp in ein Präriehundloch und stürzte. Wir wälzten uns im Staub, aber glücklicherweise kamen wir beide ohne Knochenbrüche davon. Auf diese etwas schmerzhafte Weise lernte ich, mit einem Pferd umzugehen, und im Lauf der Jahre bin ich viel geritten – auch durch unwegsames Berggelände.

Im letzten Jahr der Grundschule erhielt ich meine ersten Geigenstunden. Es machte mir bis zu einem gewissen Grad Spaß, aber ich übte nicht genug, weil mir immer irgendwelche anderen Dinge wichtiger erschienen. Mein Vater hatte einen Freund, den Junggesellen Mr. Pope, der ebenfalls Geige spielte. Er besuchte uns oft am Sonntag abend und spielte eine oder zwei Stunden zusammen mit meiner Mutter, die am Klavier saß, und mir.

In meinem ersten Jahr an der Highschool spielte ich zweite Geige im Orchester und Tuba in der Schulband. Musik hat mir immer viel Freude gemacht, aber ich habe mich nie intensiv genug mit einem Instrument beschäftigt, um wirklich ein guter Spieler zu werden.

Centennial High School

Centennial bot das klassische Highschool-Lehrprogramm. Unsere Klassenlehrerin war Miss Melchor, die auch Latein gab. In Latein mußte ich hart arbeiten, aber dafür hatte ich es in Mathematik und in den naturwissenschaftlichen Fächern um so leichter, weil ich praktisch schon genausoviel wußte wie die Lehrer. In allen vier Jahren wurde ich zum Klassensprecher gewählt.

Im dritten Jahr befaßte ich mich intensiv mit Sport an der Highschool. Im letzten Jahr hatten wir Meisterschaftsteams für Football, Basketball und Leichtathletik. Im Highschool-Basketball-Turnier des Landes verloren wir im Finale gegen die Mannschaft aus Joes, einer Kleinstadt in Ostcolorado. Ich wurde zum besten Basketball-Center des Turniers gewählt.

Im Leichtathletikwettbewerb von Colorado gewann ich den Hochsprung, den Weitsprung, den Hürdenlauf und den Diskuswurf. Damit stellte ich einen neuen Landesrekord auf. Ich erhielt ein paar wertvolle Tips von Gordon Allott, dem großen Hürdenläufer der University of Colorado, der während seines Jurastudiums nebenbei in der Kanzlei meines

Vaters arbeitete. Später wurde er in den US-Senat gewählt und war während dieser Zeit unserem Unternehmen sehr hilfreich.

Ich hatte großen Spaß am Sport und lernte dabei vieles, was mir bei der Leitung von Hewlett-Packard sehr nützlich war. Ich erinnere mich noch an Mr. Porter, der sich für Nachwuchssportler an den Grundschulen und Highschools in Pueblo interessierte. Er sagte, daß die Finalisten einer Meisterschaft oft über gleich gute Spieler verfügen. In solch einem Fall hängt alles vom Teamwork ab, vor allem in den spielentscheidenden Sekunden. Und wenn nicht nur die Qualität der Spieler, sondern auch die des Zusammenspiels gleich ist, dann setzt sich die Mannschaft mit dem stärkeren Siegeswillen durch.

Ich habe mich an diese Aussage erinnert, und sie ist zu einem Leitprinzip für die Entwicklung und Führung von HP geworden: Finde die besten Mitarbeiter, betone die Bedeutung von Teamwork und motiviere sie dazu, das Spiel zu gewinnen.

Stanford University

Im Sommer 1929, vor meinem letzten Jahr an der Highschool, fuhren meine Mutter, meine Schwester und ich nach Kalifornien. Wir verbrachten ein paar Wochen in Hermosa Beach in der Nähe von Los Angeles und besuchten dann die Familie Neff in Palo Alto. Außerdem machten wir einen Abstecher nach Monterey und Pacific Grove. Mrs. Neff hatte zusammen mit meiner Mutter am Colorado College studiert, und ihre älteste Tochter Alice hatte gerade ihr erstes Studienjahr in Stanford hinter sich. Alice führte mich durch den Stanford-Campus. Obwohl ich vorher nichts über die Universität wußte, hinterließ dieser Besuch einen nachhaltigen Eindruck, und ich erfuhr zudem, daß Stanford eine sehr gute Fakultät für Elektrotechnik hatte. So bewarb ich mich im Frühjahr 1930 dort um einen Studienplatz. Obwohl mein Vater es gern gesehen hätte, wenn ich wie er eine juristische Laufbahn eingeschlagen hätte, stand mein Entschluß, Ingenieur zu werden, schon seit der Grundschule fest. Und aufgrund meines Interesses an Rundfunk und Elektrotechnik kam nur ein entsprechendes Studium in Frage.

Zulassung in Stanford

Die University of Colorado in Boulder hatte damals ein gutes Studienprogramm für Elektrotechnik. Einige meiner älteren Freunde studierten bereits dort, und ich war bereits innerlich darauf eingestellt, ebenfalls nach Boulder zu gehen. Doch das änderte sich nach meinem Besuch in Stanford, und zu meiner großen Überraschung wurde meine Bewerbung dort angenommen. Die Studiengebühr betrug 114 Dollar pro Vierteljahr, was in den Jahren der zunehmenden Depression eine nicht unbeträchtliche Summe war. Mein Vater war 1929 zum Konkursverwalter berufen worden und konnte mich finanziell unterstützen. Den fehlenden Betrag verdiente ich selbst dazu.

In meinen ersten Jahren in Stanford war ich äußerst beschäftigt. Neben meinen Studien war ich auch sportlich aktiv. Im ersten Jahr gewann ich Preise in Football, Basketball und Leichtathletik und stellte bei einem Freshman-Wettkampf mit unserem Erzrivalen, der University of California, einen neuen Schulrekord auf. Doch dann entschied ich mich, mit der Leichtathletik aufzuhören, weil es zuviel Zeit in Anspruch nahm. Dick Templeton, der Leichtathletiktrainer der Universität, war über meinen Entschluß sehr verärgert.

Football war eigentlich nicht meine Stärke, aber der Druck meiner Kommilitonen war so stark, daß ich bis zum Abschlußjahr im Footballteam spielte. Auch diese Erfahrung bestärkte mich in meinen Ansichten darüber, wie ein siegreiches Team gebildet wird. Während meiner Studienzeit in

Stanford kehrte ich jeden Sommer nach Pueblo zurück und arbeitete dort. Mein Vater bestand zwar nicht darauf, daß ich mich an den Kosten meiner Ausbildung beteiligte, aber ich fühlte mich dazu verpflichtet, und ich wollte auch etwas tun.

Einen Sommer lang arbeitete ich bei einem Goldsucher in einer Mine in der Nähe der Straße nach Cripple Creek, dem Zentrum des Goldrauschs in Colorado. Mit Hammer und

Dave Packard im Footballteam von Stanford, 1934.

Steinbohrer trieben wir Sprenglöcher in den Fels. Nach der Explosion fuhr ich die losen Steinbrocken mit einem Schubkarren heraus. Der Goldsucher schickte Proben zur Analyse ein, aber der Wert erreichte nie die 4 Dollar pro Tonne, die die Ausbeutung lohnend gemacht hätten. Damals hatte Präsident Roosevelt den Goldpreis auf 16 Dollar pro Unze festgesetzt. Beim heutigen Goldpreis wäre die Mine wahrscheinlich profitabel gewesen.

In einem anderen Sommer hatte ich einen besser bezahlten Job in einer Ziegelei in Pueblo. Die Arbeit bestand im Be- und Entladen der Brennöfen. Die Ziegel wurden herausgenommen, sobald sie so weit abgekühlt waren, daß man sie mit dicken Handschuhen anfassen konnte. Bis Mittag hatte die Außentemperatur meist vierzig Grad erreicht. Es war eine schwere Arbeit, für die die höhere Bezahlung durchaus gerechtfertigt war.

Einmal arbeitete ich für ein Bauunternehmen, das eine Straße über den Wolf Creek Paß in der südwestlichen Ecke von Colorado baute. Auch diese Arbeit war schwer, hatte aber den Vorteil, daß man nach dem Abendessen eine Stunde lang angeln konnte. Ich kannte diesen Teil des Landes so genau, daß Bill Hewlett und ich nach unserem Abschluß in Stanford im Sommer 1934 eine lange Rucksacktour den Los Pinos River hinauf machten.

In einem anderen Sommer hatte ich einen Job, bei dem ich in Pueblo Eis auslieferte. Ich holte mehrere Tonnen Eis von einem aus Salida kommenden Eisenbahnwaggon ab, wo man das Eis geschnitten und über den Winter eingelagert hatte. Da das Eis in großen Blöcken geliefert wurde, mußte ich es für meine Kunden erst zerkleinern. Es war ungefähr ein Jahr vor dem Ende der Prohibition, und meine wichtigsten Kunden waren Bierkneipen, die vor allem von Stahlarbeitern aufgesucht wurden und in dem Teil von Pueblo lagen, den ich zu meiner Highschoolzeit immer gemieden hatte. Ich mußte das Eis gegen Bargeld verkaufen, um die Lieferung des nächsten Tages bezahlen zu können. Ich weiß nicht mehr, wieviel Geld ich in diesem Sommer verdiente, aber ich glaube, daß ich einen guten Schnitt gemacht habe.

In Stanford half mir der Amateurfunk, meinen zukünftigen Weg zu finden. Die Universität hatte einen Amateursender, der in einem Gebäude gleich neben dem des Fachbereichs Technik untergebracht war. Ganz in der Nähe befand sich das Labor eines neuen jungen Professors – Fred Terman. Ich wußte damals nicht viel über ihn, nicht einmal, daß sein Vater ein berühmter Pädagoge und der Erfinder des bekannten Stanford-Binet-Intelligenztests war. Ich hielt mich manchmal im Sendergebäude auf, wo mich Professor Terman gelegentlich besuchte, und schließlich lud er mich an einem Frühlingstag 1933 in sein Labor ein. Dort schlug er mir vor, ich solle im kommenden Jahr seinen Graduiertenkurs in Rundfunktechnik besuchen. Das war das erste einer Reihe von Ereignissen, die letztlich zur Gründung der Hewlett-Packard Company führten.

Als erster Student ohne Abschluß, der zu Termans Graduiertenkurs eingeladen wurde, fühlte ich mich sehr geehrt. Und dieser Kurs eines heute legendären Lehrers war es auch, der meine Leidenschaft für Elektronik weckte. Das Kursprogramm diente später als Basis für Termans berühmtes Lehrbuch *Radio Engineering,* das damals das bedeutendste Unterrichtswerk zu diesem Thema war. Professor Terman hatte die Fähigkeit, hochkomplexe Probleme klar und anschaulich darzustellen, so daß sie leicht verständlich waren. Darin lag das Geheimnis seines Lehrbuchs und der Grund dafür, daß es zum weltweit meistbenutzten Lehrbuch in diesem Fach wurde. Es war ein schwieriger Kurs und überhaupt ein anstrengendes Jahr für mich, da ich gleichzeitig im Footballteam der Universität spielte, meinen anderweitigen Verpflichtungen als Student nachkommen mußte und auch noch als Kellner arbeitete.

Bei meinen zahlreichen verschiedenen Aktivitäten lernte ich viele Freunde kennen; einer davon war Bill Hewlett.

Kapitel 2

Die Freundschaft mit Bill Hewlett

Ich begegnete Bill Hewlett zum ersten Mal im Herbst 1930, als wir uns in Stanford einschrieben. Ich hatte mich bereits dafür entschieden, Elektroingenieur zu werden. Bill war sich noch nicht sicher, aber in den ersten beiden Jahren besuchten wir viele Mathematik- und Naturwissenschaftsvorlesungen gemeinsam. Erst im letzten Jahr lernten wir uns besser kennen, und am Ende unseres Studiums hatten wir enge Freundschaft geschlossen.

Bills Kinder- und Jugendzeit verlief ganz anders als meine. Seine Großeltern beiderseits lebten schon lange vor der Jahrhundertwende in Kalifornien, seine Eltern wuchsen in San Francisco auf. Sein Vater war Arzt, war an der Johns Hopkins University ausgebildet worden und hatte früher an der University of Michigan gelehrt. Bill wurde 1913 in Ann Arbor, Michigan, geboren. Einige Jahre später wurde sein Vater als Professor an die Stanford Medical School berufen, die sich damals noch in San Francisco befand.

Bill hat seine Kindheit als ›bewegt und glücklich‹ beschrieben. Seine Eltern waren gebildet und relativ wohlhabend. Die Familienferien verbrachte man gewöhnlich in der Sierra Nevada, wo Bill seine Naturverbundenheit entdeckte, die ihn, wie mich, bis auf den heutigen Tag nicht verlassen hat.

Schon in seiner Kindheit hatte sich ein bestimmtes Wesensmerkmal von Bill gezeigt: seine unstillbare Neugier. Er wollte immer wissen, wie die Dinge funktionieren, und warum sie ausgerechnet so funktionieren. Um dies herauszu-

Bill Hewlett beim Abseilen vom Mount Owen in Kalifornien, 1930.

finden, führte er oft eigene Experimente durch. Manche davon auch mit Sprengstoff, und er kann wie ich von Glück sagen, daß er überlebt hat. Er liebte es, unbekanntes Land zu erforschen, und stieg auf Hausdächer oder erkundete unerschlossene Gebiete in San Francisco. Besonders angetan hatte es ihm der Platz der Weltausstellung von 1915 im Marina-District. Die Überreste der Ausstellung, einige leere Gebäude, boten Bill und seinen Freunden einen wunderbaren, wenn auch offiziell verbotenen Abenteuerspielplatz.

Bill besuchte eine private Grundschule, die er per Cable Car erreichte. Mit Zahlen und mit dem Rechnen hatte er keine Probleme, um so mehr jedoch mit dem Lesen. Er war Legastheniker, eine Schwäche, die damals noch nicht bekannt war. Auch später hatte Bill Probleme mit dem Lesen und Schreiben und konnte etwa bei Vorlesungen nicht schnell genug mitschreiben. Wie so viele Legastheniker lernte er, *zuzuhören* und Gedanken und Informationen im Kopf auf logische Weise zu ordnen, um sie im Bedarfsfall aus dem Gedächtnis abrufen zu können. »Dieses Verfahren hat sich besonders beim Lernen von Mathematik und Naturwissenschaften bezahlt gemacht«, meint Bill.

Als er zwölf war, starb sein Vater an einem Gehirntumor, und seine Großmutter und seine Mutter reisten mit Bill und seiner Schwester Louise nach Europa. Dort blieben sie fünfzehn Monate. Louise ging in dieser Zeit in Paris zur Schule, während Bill von seiner Mutter und seiner Großmutter unterrichtet wurde. Die Familie reiste sehr viel, was an sich schon eine gute Erfahrung für Bill darstellte.

Nach seiner Rückkehr nach San Francisco besuchte Bill die Lowell High School, eine bekannte Highschool zur Vorbereitung auf das College. Er war außerordentlich gut in den naturwissenschaftlichen Fächern, in allen anderen jedoch eher Durchschnitt. Bill erzählt gerne die Geschichte seiner Aufnahme an der Stanford University. Kurz vor dem Highschool-Abschluß bat er seinen Schuldirektor, wie viele andere seiner Klassenkameraden auch, um eine Empfehlung für Stanford. Der Direktor rief seine Mutter an und sagte: »Mrs. Hewlett, Ihr Sohn hat mir mitgeteilt, daß er nach Stanford gehen möchte. Aber es gibt nichts, was eine Empfehlung rechtfertigen würde. Wissen Sie, weshalb er dorthin will?« Sie antwortete: »Sein Vater hat dort studiert.« Der Direktor strahlte und fragte: »Doch nicht etwa Albion Walter Hewlett?« Sie bejahte seine Frage, und er schwärmte: »Er war der begabteste Schüler, den ich je hatte!« Auf diese Weise klappte es doch noch. Ein Jahr später, fügte Bill hinzu, ging der Direktor in Pension: »Ich habe es also gerade noch geschafft!«

In seiner Highschool-Zeit hatte Bill sehr viele verschiedene Interessen. Er besuchte gerne den Chemie- und Physikunterricht, machte weiterhin Experimente und bastelte viel. Er baute eine Teslaspule, konstruierte mit Hilfe von Kohlestäben eine Funkenstrecke und für sich und seine Schwester jeweils ein Radio mit Kristalldetektor. Er und einige seiner Mitschüler überredeten ihren Lehrer, ihnen Integralrechnung beizubringen, die eigentlich nicht auf dem Lehrplan der Highschool stand. Damit hatten sie später am College einen deutlichen Wissensvorsprung.

Bill hat oft gesagt, daß er sich vielleicht für eine medizinische Laufbahn entschieden hätte, wenn sein Vater nicht gestorben wäre. Im Scherz sagte er, daß er sich nur wegen seiner Freude an der elektrischen Eisenbahn für Elektrotechnik als Hauptfach am College entschieden habe. Wie dem auch sei, in seinen ersten Jahren in Stanford interessierte er sich genausosehr für Mathematik und Chemie.

Durch Bill lernte ich Ed Porter kennen, Bills besten Freund aus der Kindheit. Porter, der mit Bill nach Stanford kam, war schon früh ein fanatischer, engagierter Funkamateur. Da sein Rufzeichen W6 BOA war, erhielt er in Funkamateurkreisen den Spitznamen ›Frisco Snake‹. Ed wußte soviel über Radios, daß er einen Teil seines Lebensunterhalts in Stanford durch Radioreparaturen bestreiten konnte. Er war der Sohn eines Bischofs der Episkopalkirche und eine dynamische Persönlichkeit, die in den nächsten vierzig Jahren unseres Lebens eine bedeutende Rolle spielen sollte. Sein Vater war der Geistliche, der 1939 Bill und Flora Hewlett getraut hat. Bis zu seinem Tod taufte er drei ihrer fünf Kinder und alle vier Kinder aus meiner Ehe mit Lu.

In Termans Graduiertenklasse saß auch ein junger Mann namens Barney Oliver. Er war in seinem zweiten Studienjahr vom California Institute of Technology nach Stanford gewechselt und hatte bereits die meisten der erforderlichen Vorlesungen gehört. Terman nahm Barney unter der Voraussetzung in seine Klasse auf, daß er wieder ausscheiden mußte, wenn er die erste Prüfung zur Mitte des Semesters nicht bestehen würde. Doch dann bekam er nicht nur bei dieser, sondern auch bei allen anderen Prüfungen des Jahres die besten Noten.

Ein harter Kern entsteht

Wegen der Kurse Termans wurden wir vier – Hewlett, Porter, Oliver und ich – enge Freunde. Es war also kein Zufall, daß diese Gruppe einige Jahre später das Managementteam von Hewlett-Packard bildete. Der 1976 verstorbene Porter war dreißig Jahre lang oberster Produktionsleiter des Unternehmens. Oliver, einer der größten Wissenschaftler des Jahrhunderts, war vor seinem Eintritt in den Ruhestand Leiter der HP-Laboratorien und befaßt sich jetzt mit Projekten wie SETI (die Suche nach extraterrestrischer Intelligenz).

Das gemeinsame Interesse von Bill und mir an Aktivitäten in der freien Wildnis zeigte sich zum ersten Mal in unserem zweiten Studienjahr, als einer unserer Professoren eine Exkursion in die Sierra Nevada organisiert hatte, um ein von Southern California Edison betriebenes Wasserkraftwerk zu besichtigen. Bill und ich nahmen diese Gelegenheit war, um zu angeln, und wir hatten eine schöne Zeit. Dies war der Auftakt zu vielen Bergwanderungen bis hin zu unserer Rucksacktour in Colorado nach dem Studienabschluß 1934. Bei dieser Tour wanderten wir mit einem Pferd, das wir für einen Dollar pro Tag gemietet hatten, hinauf in die San Juan Mountains. Zweifellos hat diese gemeinsame Naturverbundenheit unsere Freundschaft gestärkt und zu dem beiderseitigen Verständnis und der Achtung geführt, die unserer erfolgreichen und über mehr als ein halbes Jahrhundert bestehenden Geschäftsbeziehung zugrunde liegen.

Fred Termans starkes Interesse an der Rundfunktechnik bewog ihn, die Bekanntschaft von Pionieren auf diesem Gebiet zu suchen, von denen viele in der Gegend von Palo Alto wohnten. So war zum Beispiel der Stanford-Absolvent Cyril F. Elwell Mitbegründer der Federal Telegraph Company; Lee De Forest erfand 1908 in Palo Alto die Vakuumröhre, und Fritz Kostler entwickelte in den zwanziger Jahren das Funkpeilgerät.

In den frühen Zwanzigern zogen viele Unternehmen aus

der Bay Area nach Chicago, das zum Zentrum der Rundfunkindustrie geworden war. 1932 zog Federal Telegraph Richtung Osten nach New Jersey. Aber viele Leute wollten nicht umziehen. Sie entschieden sich fürs Bleiben und für die Gründung eigener Technologieunternehmen. In den dreißiger Jahren war ein Besuch bei diesen Firmen fester Bestandteil von Termans Graduiertenkurs für Radioingenieure. Ich erinnere mich noch an Besuche bei Kaar Engineering in Palo Alto, Eitel-McCullough in Burlingame und Charlie Littons ›Laden‹, aus dem später Litton Industries in Redwood City wurde. Ich fuhr auch nach San Francisco zu Philo Farnsworth, der gerade eine Fernsehaufnahmeröhre entwickelte.

Terman betonte stets, daß die meisten dieser erfolgreichen Unternehmen von Leuten ohne viel Bildung aufgebaut worden waren. Er fügte hinzu, daß die Chancen für jemanden mit einem soliden theoretischen Hintergrundwissen demzufolge noch besser standen. Dieser Hinweis gab uns zu denken, und in unserem Abschlußjahr schmiedeten Bill Hewlett, Ed Porter, Barney Oliver und ich mit Unterstützung von Terman erste vorsichtige Pläne, nach dem Studium etwas Eigenes auf die Beine zu stellen. Doch diese Pläne wurden erst einmal auf Eis gelegt, als ich im Frühjahr 1934 ein Stellenangebot von General Electric erhielt. Das Land befand sich zu dieser Zeit in der Depression, und Arbeitsplätze waren rar. Terman ermunterte mich, das Angebot anzunehmen, und meinte, daß ich bei General Electric sehr viel Nützliches für unser zukünftiges Unternehmen lernen könnte. Bill hingegen empfahl er, seine Studien weiterzuverfolgen. Wir einigten uns darauf, die Firmengründung zu verschieben, waren aber dennoch entschlossen, unsere Idee zu realisieren.

Erfahrungen bei General Electric

Da ich meine Arbeit bei General Electric erst im Februar 1935 aufnahm, entschloß ich mich, im Herbst noch einige

Vorlesungen an der University of Colorado in Boulder zu belegen. Den besten Kurs, Mathematik für Ingenieure, hielt ein Professor Hutchison. Er konnte zwei Reihen mit zwanzig fünfstelligen Zahlen an die Tafel schreiben und zusammenzählen und brauchte dafür nicht einmal so lange wie die Studenten für das Addieren einer einzigen Zahlenreihe. Für mich war dieser Kurs einer der interessantesten während meiner gesamten Studienzeit.

Im Januar 1935 fuhr ich mit meiner Mutter und meiner Schwester nach Pittsburgh, um Freunde zu besuchen. Dann fuhr ich weiter nach Schenectady, um bei GE anzufangen. An meinem ersten Tag traf ich Mr. Boring, der schon in Stanford mit mir gesprochen hatte. Er wußte von meinem Interesse für Elektronik (die damals noch unter der Bezeichnung ›Radio‹ lief), sah aber dafür bei General Electric keine Zukunft. Er empfahl mir, mich in meiner Arbeit auf Generatoren, Motoren und ähnliche Anlagen für Versorgungsunternehmen und Einrichtungen zur Elektrizitätsversorgung zu konzentrieren.

Im nachhinein erscheint es mir geradezu als eine Ironie des Schicksals, daß unser Unternehmen, Hewlett-Packard, inzwischen größer ist als die gesamte General Electric Company zu dem Zeitpunkt, als mir Mr. Boring diesen Rat erteilte.

Auch während der Jahre der Depression hielt GE an dem Grundsatz fest, jedes Jahr einige Collegeabgänger einzustellen und sie zuerst in verschiedenen Prüffeldern einzusetzen. Meine erste Aufgabe bestand darin, Kühlschränke auf Lecks und andere Mängel zu untersuchen. Ich war in der Spätschicht eingeteilt und fand die Arbeit nicht besonders interessant.

Also sah ich mich auf eigene Faust nach einem anderen Job um und wurde zunächst in der Senderabteilung fündig, wo ich Geräte testete, die für die Army bestimmt waren. Aber auch diese Tätigkeit forderte mich nicht besonders, so daß ich weiter Ausschau hielt, bis ich einen Job in der Abteilung für Vakuumröhren fand. Diese war im selben Gebäude untergebracht wie das Zentrallabor von GE. Die neue Tätigkeit war interessant und bot mir auch die Gelegenheit, mit aufgeweckten Leuten aus dem Forschungslabor ins Gespräch zu kommen.

Am Anfang arbeitete ich in einer Abteilung, die Quecksilberdampfgleichrichterröhren zur Steuerung von Schweißvorgängen herstellte. Die größte dort hergestellte Röhre bestand aus einem Entladungsgefäß mit rund 20 Liter Fassungsvermögen. Die Anodenzuleitung der Röhre befand sich am oberen und die Quecksilberkathode am unteren Ende, während die Zündelektrode seitlich hereingeführt wurde. Die Entladung fand während der positiven Halbwelle statt und ließ sich in ihrer Dauer sehr genau steuern. Wenn die Steuerung versagte, explodierte die Röhre!

Das Prüffeld befand sich im Erdgeschoß des Gebäudes. Während der Tests standen die zwei Flügel des schweren Tores offen. Die Röhre war von einem starken Metalldrahtgitter umgeben, das bei einer Explosion die Glassplitter auffing. Aber die Quecksilbermasse verwandelte sich zu Quecksilberdampf, der durch das offene Tor nach draußen abzog. Der Tester mußte vor der Quecksilberwolke durchs Tor laufen und warten, bis sie sich aufgelöst hatte. Erst dann konnte er den Raum wieder betreten.

Diese Röhren wurden in Serien von zwanzig Stück hergestellt. Nachdem alle Röhren einer Serie explodiert waren, wurde mir die Verantwortung für den Test übertragen.

Zusammenarbeit

Ich informierte mich überall über mögliche Fehlerquellen und beschloß, mich so oft wie möglich in der Fertigungshalle aufzuhalten, um die einzelnen Schritte zu überwachen. Es zeigte sich sehr schnell, daß die Anweisungen der technischen Abteilung an die Mitarbeiter in der Produktion mangelhaft waren. Die Arbeiter waren sehr darauf bedacht, alles richtig zu machen. Gemeinsam erarbeiteten wir Prüfmethoden und suchten nach jeder möglichen Fehlerquelle – mit dem Erfolg, daß die zwanzig Röhren der nächsten Serie die Tests ohne Ausfall überstanden.

Das war eine wichtige Lehre für mich: Man muß schriftliche Anweisungen durch persönliche Gespräche ergänzen. Damit war der Grundstein gelegt für das, was später bei Hewlett-Packard als ›Management by Walking Around‹ so erfolgreich praktiziert wurde.

Damals verdienten meine Kollegen bei General Electric und ich etwas weniger als 90 Dollar im Monat, so daß wir uns zu fünft oder zu sechst ein großes Haus mieteten und eine Haushälterin einstellten. Da wir mit einem Dollar pro Tag auskamen, blieb uns für alles andere doch einiges übrig. Man konnte sich damals einen recht ordentliche Anzug für 25 Dollar kaufen, und selbst bei einem niedrigen Lohn konnte man jeden Monat noch ein paar Dollar sparen.

Bei GE Erfahrungen zu sammeln, machte viel Spaß. Ich lernte vieles, was sich später für unser eigenes Geschäft verwenden ließ, und ich schloß enge Freundschaft mit einigen Leuten, die sich später in der Elektronikbranche einen Namen machten. Einer von ihnen war Bobby Wilson, der in Yale studiert und sein erstes Jahr nach der Schule als Funker und Navigator an Bord eines Flugzeugs gearbeitet hatte, mit dem ein gewisser Dr. Light um die ganze Welt flog. Wilson wurde schließlich Leiter des Röntgenwerks von GE in Chicago. Dann gab es noch Jack Hutchins, der zusammen mit mir bei einer Konferenz des American Institute of Electrical Engineers im Frühjahr 1936 ein Referat hielt. Hutchins baute später in Illinois ein eigenes Unternehmen auf, das Hochleistungstransistoren herstellte.

Ein weiterer Wohngenosse in unserem Haus in Schenectady war John Fluke, mit dem mich seit damals eine tiefe Freundschaft verbindet. Im zweiten Weltkrieg arbeitete John für Admiral Hyman Rickover in Washington, und nach dem Krieg gründete er im Nordwesten sein eigenes

Unternehmen – die John Fluke Company, ein führender Hersteller von Meßgeräten. Durch John lernte ich Admiral Rickover kennen, der mir sehr behilflich war, als ich 1969 als stellvertretender Verteidigungsminister nach Washington kam.

Ein anderer Freund bei General Electric war John Cage, der später eine wichtige Rolle bei Hewlett-Packard spielen sollte. Nach dem Krieg arbeitete John als Professor für Elektrotechnik an der Purdue University. Ich pflegte ihn anzurufen und nach vielversprechenden Studenten zu fragen, die vor ihrem Studienabschluß standen. Er hat uns eine ganze Reihe ausgezeichneter Leute empfohlen. 1955 beauftragten wir John mit der Leitung einer wichtigen Produktentwicklung, und später baute er die Hewlett-Packard Ltd. auf, unsere erste Niederlassung in Großbritannien. 1971 gab er zusammen mit Barney Oliver ein Lehrbuch mit dem Titel *Electronic Measurement and Instrumentation* heraus.

1936 mußte General Electric wegen der anhaltenden Depression eine Art Teilzeitarbeit einführen, so daß viele GE-Mitarbeiter schon ab drei Uhr nachmittags frei hatten. Dadurch hatten wir Zeit, Golf zu spielen oder, in meinem Fall, Basketball. Das Spiel machte mir großen Spaß, und schließlich schloß ich mich einem Profiteam an. Wir trainierten am Abend und spielten an den Wochenenden in einigen Kleinstädten im Norden New Yorks und New Englands. Wir verdienten nur ein paar Dollar pro Woche, kein fürstliches Gehalt, aber doch ein angenehmes Zubrot in diesen mageren Zeiten. Unser letztes Saisonspiel machten wir in New York City in der Thirtyfourth Street Armory. Ich weiß nicht mehr viel von dem Spiel, außer daß unsere Mannschaft verlor und daß die damals populäre Sängerin Kate Smith den Ball zur Eröffnung ins Spiel warf.

Während ich in Schenectady wohnte, studierte Bill. Er blieb bis 1935 in Stanford und erhielt im folgenden Jahr am Massachusetts Institute of Technology sein Master's Degree. In seiner Zeit in Cambridge besuchte er mich einige Male in

Schenectady, und wir unternahmen zusammen einige Kanufahrten.

Ich genoß das Leben in Schenectady und fuhr an vielen Wochenenden zum Fischen an die Seen im nördlichen New York, in Vermont und in New Hampshire. Im Herbst waren die Wälder wunderschön, und ich ging mit einigen GE-Freunden auf die Jagd.

Im Winter verbrachte ich viele Wochenenden in North Creek, New York, zum Skifahren. Skifahren war damals als Sport noch nicht allzu populär. Die Leute in North Creek transportierten die Skifahrer mit Schulbussen zum Gipfel des Gore Mountain. Von diesem Berg gab es zahlreiche Abfahrten, sowohl für Anfänger als auch für Fortgeschrittene. Die Ski waren aus Hickory-, Eschen- oder Ahornholz. Ich ruinierte drei Paar Ski, weil ich mehrmals eine Kurve verpaßte und voll in den Wald sauste. Glücklicherweise waren meine Knochen robuster als die Ski! Diese Ausflüge festigten die Kameradschaft unter den neuen Kollegen, die nach ihrem Collegeabschluß die Arbeit in Schenectady aufgenommen hatten.

1937 fuhr ich nach Palo Alto. Ich hatte einen Schlafsack dabei und mußte daher nicht im Hotel übernachten. Damals konnte man an jedem passenden Fleckchen neben der Autobahn schlafen, ohne das geringste Risiko einzugehen. Bill war ebenfalls zurückgekehrt, und ich wollte einige Zeit mit ihm verbringen. Der eigentliche Anlaß meines Besuchs war jedoch eine junge Dame namens Lucile Salter. Kennengelernt hatte ich sie in meinem Abschlußjahr in Stanford, als ich im Speisesaal ihrer Studentenverbindung arbeitete.

An einem Wochenende im Frühjahr 1934 fuhr ich mit Freunden zum Tanzen nach San Francisco. Ich hatte keine Partnerin, aber ein Freund meinte, er kenne eine junge Dame in der Verbindung, wo ich arbeitete, die wahrscheinlich mitkommen würde. Ich stand also inmitten von Töpfen und Pfannen, als Lucile herüberkam und fragte: »Wann soll ich fertig sein?«

Dave Packard beim Skifahren auf dem Gore Mountain, New York, 1936.

Vor diesem Tanzausflug kannte ich Lu nur flüchtig. Sie war eine attraktive und sehr kluge Studentin aus San Francisco. Der gemeinsame Tanzabend endete in einer Liebesgeschichte, die sich auch nach dem Studium fortsetzte, als wir dreitausend Meilen voneinander entfernt wohnten. In den Jahren nach dem Studienabschluß hatte ich Lus Eltern und ihre Schwester Audrey kennengelernt, die ebenfalls in Stanford studierte. Allmählich machten wir uns ernste Gedanken über eine Heirat.

Während meines Besuchs in Palo Alto traf ich auch mit Bill Hewlett zusammen, und wir nutzten diese Gelegenheit zu unserer ersten ›offiziellen‹ Geschäftsbesprechung. Auf dem Protokoll der Besprechung vom 23. August 1937 war zu lesen:

»Vorläufige Organisationspläne und vorläufiges Arbeitsprogramm für ein unternehmerisches Projekt.« Zu den erörterten Produktideen gehörten Hochfrequenzempfänger und medizinische Geräte, außerdem nahmen wir uns vor, daß ›wir jede Anstrengung unternehmen sollten, um im Hinblick auf das Fernsehen [einer damals völlig neuen Technologie] auf dem laufenden zu bleiben‹. Der vorläufige Name für das zu gründende Unternehmen sollte Engineering Service Company sein.

Im Frühjahr 1938 beschlossen Lu und ich zu heiraten. Sie gab ihre Arbeit als Sekretärin des Archivars der Stanford University auf und nahm den Overland Express nach Chicago. Dort stieg sie um und kam nach einer viertägigen Reise in Schenectady an. Wie knapp damals die Arbeitsplätze waren, kann man vielleicht daran ermessen, daß ich mir nicht frei nahm, weil ich um meinen gutbezahlten Job bei General Electric fürchtete. Ich wollte nicht den Eindruck erwecken, daß ich nicht mehr zurückkommen würde. Aus diesem Grund nahm ich mir nur am Freitag nachmittag frei, um zu heiraten und die ›Flitterwochen‹ übers Wochenende in Montreal zu verbringen. Am Montag war ich wieder zurück an meinem Arbeitsplatz.

In diesen Monaten hatte sich Fred Terman Gedanken darüber gemacht, wie er Bill und mir bei unseren Plänen weiterhelfen könnte. Im Sommer 1938 vermittelte er mir einen Forschungsauftrag als Stipendiat in Stanford. Wichtiger noch als das damit verbundene 500-Dollar-Stipendium im Jahr war jedoch das Wiedersehen mit Bill. Der Forschungsauftrag beinhaltete eine interessante technische Herausforderung. Ich sollte zusammen mit dem jungen Stanforder Erfinder Russ Varian an der Verwirklichung seiner Ideen arbeiten. Die Aufgabe bestand darin, eine Vakuumröhre für hohe Frequenzen zu entwickeln. Sie war Teil eines größeren Projekts, das Russ und seinen Bruder Sig berühmt machen sollte: das Klystron, die technologische Voraussetzung für Radar und Teilchenbeschleuniger.

Meine Chefs bei General Electric gaben mir ihren Segen und unbezahlten Urlaub. Im August fuhren Lu und ich mit einer gebrauchten Bohrmaschine von Sears-Roebuck auf dem Notsitz zurück nach Kalifornien. Es sollte die erste Maschine von HP sein.

Ungefähr ein Jahr später kündigte ich offiziell bei GE. Lucile hat nie vergessen, wie sie im Juni '39 mein Kündigungsschreiben in den Briefkasten geworfen hat. Damit hatten wir gleichzeitig unser festes Einkommen aufgegeben. Aber wir blickten voller Hoffnung und Spannung in die Zukunft.

Auf Betreiben Termans konnte ich die Laborarbeiten für das Varian-Forschungsprojekt bei Litton Engineering Laboratories, dem Unternehmen Charlie Littons, in Redwood City durchführen. Er arrangierte es auch, daß mir die Arbeit bei General Electric auf die Studienzeit angerechnet wurde, so daß ich nach einem Jahr in Stanford meinen Abschluß als Elektroingenieur machen konnte.

Lu bekam wieder ihre Stelle im Büro des Archivars von Stanford. Sie arbeitete von Montag bis Freitag und zusätzlich noch den halben Samstag und sorgte in den nächsten Jahren wesentlich für unseren Lebensunterhalt. Doch am wichtig-

Lucile Packard kurz vor der Fahrt von Schenectady nach Kalifornien, 1938.

sten für mich war, daß auch Hewlett wieder da war. Nach seinem Master's-Degree vom Massachusetts Institute of Technology hatte er nur ein Stellenangebot erhalten, und zwar von Jensen Speaker in Chicago. Aber auch für ihn wußte Terman Rat und brachte ihn mit einem Arzt in San Francisco zusammen, der an der Entwicklung von medizinischen Geräten interessiert war.

Kapitel 3

Von der Garage zur Werkstatt

Nachdem Bill und ich wieder zusammengefunden hatten, nahmen wir die Verwirklichung unserer Pläne in Angriff. Bill hatte ein zweistöckiges Haus an der Addison Avenue entdeckt, dessen unteres Geschoß Lu und ich mieteten. Bill, der damals noch Junggeselle war, wohnte in einem kleinen Haus im Hinterhof. Es gab auch eine kleine Garage, die zu unserer Werkstatt wurde. (Anmerkung des Herausgebers: 1989 hat der Staat Kalifornien die Garage in der Addison Avenue unter Denkmalschutz gestellt und zur ›Geburtsstätte von Silicon Valley‹ erklärt.)

Ab Herbst 1938 besuchte ich an den meisten Vormittagen Kurse in Stanford, arbeitete am Nachmittag mit Bill, fand daneben Zeit zum Studieren und fuhr am Abend zu Litton Laboratories. Es war gut, daß Charlie Litton erst spät am Tag anfing und dafür lieber bis 2 oder 3 Uhr nachts arbeitete. Sonst hätte ich dieses Riesenpensum an Arbeit und Studien wohl kaum bewältigen können, ohne mein Familienleben völlig aufzugeben.

Dank meiner Erfahrungen bei General Electric und der Hilfe Charlies gelang es mir, die Röhrenmodelle zur Überprüfung von Russ Varians Theorien herzustellen. Meine Beziehung zu Charlie entwickelte sich zu einer tiefen und langen Freundschaft. Charlie war ein Allroundgenie. Als er im Herbst 1938 eine neue Fabrik bauen wollte, ließ er die nötigen Aushubarbeiten nicht etwa von einem Bauunternehmer vornehmen. Statt dessen kaufte er einen Raupenschlepper und besorgte den Aushub selbst. Ich half ihm dabei und

Dave Packard beim Bau einer Straße rund um die San Felipe-Ranch in der Nähe von San Jose, Kalifornien, 1955.

lernte so, mit einem Bulldozer umzugehen. Als Bill Hewlett und ich 1954 eine Ranch erwarben, kaufte ich einen Bulldozer und baute zusammen mit anderen zwanzig Meilen Straße.

Charlie Litton hatte bei der Federal Telegraph Company in Palo Alto angefangen. Aber als Sothenes Behn, der Federal Telegraph mit seinem Bruder Hernand leitete, das Unternehmen 1932 nach New Jersey verlegte, entschloß sich Charlie zur Gründung seiner eigenen Produktionsfirma. Seiner Meinung nach gab es auf dem Markt keine besonders guten Maschinen zur Herstellung von Vakuumröhren. So konstruierte und fertigte er seine eigenen Maschinen zum Blasen der großen 50-Kilowatt-Röhren, die in Sendern verwendet wurden. Kaum hatte er seine erste Maschine fertig, als sie schon von RCA gekauft wurde, und auch die zweite wurde sofort an Westinghouse verkauft.

Litton erfüllt seine Aufgabe

Die meisten Leute im Land, die etwas mit Vakuumröhren zu tun hatten, kannten Charlies Fähigkeiten und bestellten seine neuesten Entwicklungen. Sein wichtigster Beitrag war der Bau einer Ganzmetallvakuumpumpe, die Öl mit geringem Dampfdruck verwendete. Bis zu diesem Zeitpunkt waren hauptsächlich Quecksilberdampfpumpen eingesetzt worden, mit denen auch ich bei General Electric gearbeitet hatte. Diese Pumpen hatten jedoch den Nachteil, daß sie mit flüssiger Luft gekühlt werden mußten. Es gab nur wenige Lieferanten für das Öl, aber Charlie hatte entdeckt, daß er durch Destillation eines bestimmten Motoröls ein eigenes Öl mit den gewünschten Eigenschaften herstellen konnte.

1939 gründete Präsident Roosevelt auf Drängen der Physiker Albert Einstein und Leo Szilard ein Unternehmen mit dem Ziel, eine Atomexplosion durch Uranspaltung herbeizuführen. Die Beteiligten an diesem Vorhaben, das später unter dem Namen Manhattan Project bekannt wurde, entschieden sich für ein Verfahren, bei dem eine große Menge Öl mit geringem Dampfdruck benötigt wurde. Nach ihrer Einschätzung konnte niemand dieses Öl so schnell und rein herstellen wie Charlie Litton. In typischer Litton-Manier bestellte er den größten vorhandenen Wasserbehälter, stellte ihn in drei oder vier Wochen auf und setzte die Destillierkolben ein. Das Motoröl wurde in Tankwaggons der Eisenbahn nach Redwood City gebracht und dort von Charlie in seinem Tank destilliert. Ich durfte zwar offiziell nichts von diesem Projekt wissen, aber ich arbeitete so eng mit Charlie zusammen, daß ich in alles eingeweiht war.

Charlie befaßte sich auch mit dem Vierradantrieb von Kraftfahrzeugen. Er war der erste, der mit einem Allradjeep die Sierra Nevada erkundete. Er baute dazu die Fahrgestelle von zwei kleinen Lastwagen zusammen, die jeweils mit einem Motor und einem Getriebe für zwei Räder ausgestattet waren. Auch nach dem Krieg gehörte er zu den ersten, die

die Geländegängigkeit des Jeeps erkannten. Bill und ich kauften einen Jeep und blieben bei unserem ersten Ausflug in der Gegend des Desolation Valley in felsigem Gelände hängen. Keines der vier Räder berührte den Boden. Es dauerte einige Zeit, bis wir genügend Steine unter die Räder gelegt hatten, um wieder losfahren zu können. Wir kauften einen Lastwagen, auf dem man den Jeep transportieren konnte, einen Anhänger und einen Kombiwagen, in dem wir schlafen konnten. Mit dieser Ausrüstung machte sich unsere Gruppe – zu der Noel Eldred, Dave Scott, Ray Demere, Bill Hewlett und ich gehörten, jedes Jahr zu einem zweiwöchigen Jagdausflug nach Nevada oder Montana auf. Jeder von uns erlegte dabei zwei Hirsche und manchmal sogar einen Elch. Zwischen allen Beteiligten entwickelte sich im Lauf der Jahre eine enge Freundschaft.

In jenen Anfangsmonaten des Jahres 1938 hatten wir auch häufig Kontakt zu unserem Studienfreund Ed Porter. Ed hatte Klimaanlagen verkauft, überwiegend an Hotels im Sacramento Valley, und er hatte damit einen solchen Erfolg, daß er lieber dort bleiben wollte, als sich unserem Unternehmen anzuschließen. Aber er bat uns, spezielle Steuerelemente für seine Klimaanlagen zu entwickeln.

Im Herbst 1938 hatten wir uns noch nicht entschieden, welche Produkte wir entwickeln und herstellen sollten, und nahmen deshalb einige Aufträge an. T. I. Moseley war Präsident seiner Firma Dalmo Victor. Er diskutierte in unserer Anfangszeit eine Reihe von Produktideen mit uns. Einmal verfiel er sogar auf den Gedanken, Harmonikas zu produzieren.

Moseley wußte von dem Tongenerator, den Bill entwickelt hatte, und bat uns, unter Verwendung des Generators ein Stimmgerät für seine Harmonikas herzustellen. Es stellte sich jedoch heraus, daß der Generator dafür nicht genau genug arbeitete. Ich weiß nicht mehr, was aus Moseleys Harmonika-Projekt letztlich geworden ist.

Moseley versuchte sich auch an der Entwicklung eines

Trainingsgeräts, das mit Hilfe von elektrischen Impulsen die Muskulatur stimulieren sollte. Seine Frau stellte sich als Testperson zur Verfügung, und so verbrachten wir einmal einen ganzen Sonntag damit, durch elektrische Ströme verschiedener Frequenzen ihre Beinmuskeln zu bearbeiten Zwar wurde keines der Projekte von Moseley je serienreif, aber seine Aufträge verschafften Bill und mir zumindest ein kleines Einkommen.

Wir entwickelten und bauten auch eine Motor-Steueranlage für das Lick Observatory auf dem nahegelegenen Mount Hamilton. Dadurch verbesserte sich die Genauigkeit des Teleskops. Des weiteren erfanden wir ein Signalgerät für eine Bowlingbahn, das das Übertreten der Abwurflinie anzeigte.

Dank dieser sehr verschiedenartigen Aufträge gewannen wir mehr und mehr Sicherheit und konnten unsere Fähigkeiten besser einschätzen. Darüber hinaus stellte sich zufällig etwas heraus, was für unsere Partnerschaft von großem Nutzen sein sollte: nämlich daß sich unsere Stärken ergänzten. Bill wußte mehr über Schaltungstechnik, und ich hatte eine größere Erfahrung in der Fertigung. Diese Kombination von Fähigkeiten und Kenntnissen war für die Konstruktion und Herstellung von Elektronikprodukten von großem Nutzen.

Durch die Herstellung verschiedener Geräte hatten wir ein wenig Geld verdient, und allmählich verfestigte sich bei uns die Vorstellung, daß eines dieser Geräte vielleicht zu einem rentablen Produkt entwickelt werden konnte. In Anbetracht unserer fürs erste noch kleinen Fortschritte schlossen Bill und ich ein Partnerschaftsabkommen. An den genauen Text kann ich mich heute nicht mehr erinnern, aber es war auf jeden Fall ziemlich formlos. Bill streckte etwas Geld für den Kauf von Teilen und Werkzeugen vor, und ich steuerte die aus Schenectady mitgebrachte Ausrüstung bei. Wir warfen eine Münze, um zu entscheiden, wessen Name in der Firmenbezeichnung an erster Stelle stehen sollte. Wie jeder weiß, gewann Bill.

Hinter dem nächsten Schritt stand wieder einmal Fred Terman. 1927 hatte Harold Black von Bell Labs einen Aufsatz über die neue Idee der negativen Rückkopplung veröffentlicht. Diese Methode war ideal für Telefonleitungsverstärker, weil man damit die Verstärkung weitgehend unabhängig von Änderungen der Charakteristik der verwendeten Vakuumröhre machen konnte. Aus dem gleichen Grund war diese Idee auch für elektronische Meßinstrumente nutzbar. Im Frühjahr 1938 entwickelte eine Gruppe von Studenten, zu der auch Bill Hewlett gehörte, bei Terman einige Laborgeräte unter Verwendung der negativen Rückkopplung. Bills bedeutender Beitrag war der über einen Widerstand stabilisierte Tongenerator. Aber auch Terman war nicht untätig; anhand von Näherungswerten reduzierte er die Gleichungen von Black auf eine Form, die viel leichter anzuwenden war.

Bills Tongenerator nutzte die erste praktische und preiswerte Methode zur Erzeugung von stabilen Tonfrequenzen, wie sie im Kommunikationsbereich, in der Geophysik, in der Medizin und in der Rüstungstechnik benötigt wurden. Dieser Tongenerator war das erste Produkt der Hewlett-Packard Company.

Einige Monate später, nachdem wir unsere Arbeit in der Garage begonnen hatten, arrangierte Terman für Harold Buttner, einen Stanford-Absolventen, der inzwischen stellvertretender Leiter der Abteilung Forschung und Entwicklung von ITT war, eine Vorführung von Bills Generator. Buttner war so beeindruckt, daß er uns 500 Dollar für die Auslandspatentrechte anbot sowie seine Unterstützung, die US-Patentrechte zu bekommen.

Im November bauten wir ein Modell des Tongenerators, das Bill nach Portland, Oregon, zu einer Konferenz des Institute of Radio Engineers mitnahm. Die Reaktionen waren so vielversprechend, daß wir uns entschlossen, das Risiko der Serienproduktion auf uns zu nehmen. Bis Weihnachten hatten wir die erste Produktionsversion fertig, und ich kann mich noch genau erinnern, wie sie auf dem Kaminsims stand. Dort machten wir auch Aufnahmen davon und fertigten einen zweiseitigen Verkaufsprospekt an, den wir an fünfundzwanzig potentielle Interessenten schickten, deren Namen uns Fred Terman gegeben hatte.

Wir nannten dieses erste Produkt Modell 200A, um den Anschein zu erwecken, wir seien schon länger in der Branche tätig. Wir befürchteten, daß die Leute von einem Unternehmen, das noch nie ein fertiges Produkt entwickelt, konstruiert und gebaut hatte, nichts wissen wollten. Unsere Preisgestaltung war noch naiver: Wir verlangten dafür 54,40 Dollar. Nicht etwa aufgrund einer realistischen Kostenrechnung, sondern weil uns der Betrag an ›54°40' or Fight!‹ (den Schlachtruf des Feldzugs von 1844 zur Festlegung der nördlichen Grenze im Nordwesten des heutigen US-Staatsgebiets) erinnerte. Wir sahen sehr bald ein, daß wir es uns nicht leisten konnten, die Geräte zu diesem Preis zu verkaufen. Glücklicherweise bot unser schärfster Konkurrent General Radio seinen Generator für 400 Dollar an, so daß wir noch beträchtlichen Spielraum hatten.

Wir hatten uns von unserer Briefkampagne nicht sehr viel erwartet, aber schon in den ersten Wochen des neuen Jahrs gingen mehrere Bestellungen ein, und einige davon sogar schon mit einem Scheck.

Charlie Litton war uns zu Beginn der Produktion eine große Hilfe, denn wir konnten seine Werkstatt benutzen. In Charlies Gießerei hatte ich auch schon die Aluminiumgußteile der Steuereinheit von Ed Porters Klimaanlagen angefertigt. Litton besaß auch eine Maschine, mit der wir die Hotelnamen auf die Schalter gravierten.

Die Herstellung von Frontplatten

Als wir mit der Produktion der Tongeneratoren begannen, kauften wir die Gehäuse, fertigten die Frontplatten jedoch selbst an. Wir sägten sie aus Aluminium und bohrten die Löcher. Dann besprühten wir sie mit Farbe und legten sie zum Trocknen in den vorgeheizten Küchenherd. In Charlies Werkstatt gravierte ich die Beschriftungen durch die Farbschicht auf die Frontplatten. Dann kalibrierten wir mit Hilfe eines Frequenznormals die Skalen und markierten die Abstände mit Bleistift. Diese wurden dann in Charlies Werkstatt eingraviert. Am Anfang wurde jeder Generator einzeln kalibriert. Bei der Handhabung der Graviermaschine mußte man immer ein paar Tricks beachten, die nur Charlie kannte.

Wahrscheinlich hätten wir eine ganze Menge davon irgendwann auch selbst machen können. Aber Charlie Litton und seine Ausrüstung waren für uns von unschätzbarem Nutzen, weil wir wenig Zeit und Geld hatten. Er betrachtete uns nie als Konkurrenten, sondern immer als Freunde.

Charlies Einfluß äußerte sich auch in anderer Hinsicht. Er liebte es, neue Ideen zu entwickeln und darüber zu philosophieren. Und wenn er mehr über eine Sache erfahren wollte, organisierte er ein Seminar in seiner Werkstatt, zu dem er mich und ein Dutzend andere Stanford-Leute einlud. Dazu gehörte auch Alex Poniatoff, der später die Ampex Corporation gründete. 1938 fanden mehrere solche Seminare statt. Ich kann mich noch an einige Diskussionen über physikalische Phänomene wie die Wellentheorie und die Quantenphysik erinnern. Es wurde aber auch über Unternehmensphilosophie geredet. In diesem Punkt vertrat Charlie sehr konservative Ansichten. So exzentrisch er war, er wußte, daß man Erträge erwirtschaften und die Rechnungen bezahlen mußte. Aus diesen Gesprächen lernte ich eine Menge über die Leitung eines Unternehmens.

Großen Gewinn zog ich auch aus zwei Kursen, die ich im Herbst 1938 in Stanford besuchte: Handelsrecht und Rechnungswesen. Ich hatte mich eingeschrieben, weil ich mir davon einigen Nutzen für unser neues Unternehmen versprach. Im nachhinein kann ich sagen, daß diese beiden Kurse zu den wichtigsten zählen, die ich je besucht habe. Im ersten erfuhr ich soviel über Partnerschaften, Verträge und Körperschaften, daß wir in den nächsten Jahren nur selten auf die Hilfe von Rechtsanwälten angewiesen waren. Dank des zweiten konnte ich mit Lus Hilfe an den Abenden und an Sonntagen die Buchhaltung machen und so den Überblick behalten.

Der Auftrag von Disney: Legenden und Fakten

Als Bill Hewlett im November 1938 das Originalmodell des Tongenerators zur technischen Konferenz in Portland mitnahm, führte er es mehreren Leuten vor. Unter denen, die sich sehr interessiert zeigten, war auch Bud Hawkins, der leitende Toningenieur der Walt-Disney-Studios. Hawkins arbeitete gerade an der Tonausrüstung für Disneys revolutionären Film Fantasia und beabsichtigte, bei der General Radio Company Tongeneratoren zu einem Stückpreis von 400 Dollar zu kaufen. Als ihm Bill sagte, daß unser Gerät weniger als 100 Dollar kosten würde, beschloß Hawkins, die Generatoren bei uns zu kaufen. Die auf seinen Wunsch hin vorgenommenen Modifizierungen waren so zahlreich, daß sie schließlich zum Modell 200B führten, von dem er acht Stück zu einem Einzelpreis von 71,50 Dollar bestellte.

Im Lauf der Jahre haben sich immer mehr Legenden um dieses Geschäft mit Disney gerankt. Im Gegensatz zur Auffassung mancher hat HP keinen technischen Beitrag zur Produktion von Fantasia geleistet. Wir haben Disney lediglich die Möglichkeit gegeben, ein gutes Produkt zu einem bedeutend günstigeren Preis zu kaufen, als ihm die Konkurrenz anbot. Es wurde auch behauptet, daß wir unser Unternehmen vielleicht hätten aufgeben müssen, wenn das Geschäft mit Disney nicht zustande gekommen wäre. Tatsache ist freilich, daß Bill und ich auch ohne diesen Auftrag zum Weitermachen entschlossen waren.

Frühes Interesse für unsere Aktivitäten zeigte auch Norman Neely, der später eine ungeheuer wichtige Rolle für den Erfolg von Hewlett-Packard spielen sollte. Norm war der

Vertreter einer Firma in Südkalifornien, die Radios, Aufnahmegeräte und andere elektrische Apparate verkaufte. Er hatte von Hewletts Generator gehört und lud Bill zu einem Vortrag vor dem Radio Engineers Club in Los Angeles ein. Der Abend begann nicht gerade verheißungsvoll, denn der Clubpräsident stellte Bill als Bill Packard vor. Aber die Präsentation löste ein starkes Echo aus, besonders bei Norm.

Kurz darauf besuchte uns Norm in unserer Garage in der Addison Avenue. Wir hatten ihn bereits gefragt, ob er als unser erster Verkäufer arbeiten wollte, und trafen im Lauf dieses Gesprächs eine mündliche Vereinbarung, die wir per Handschlag besiegelten. Auf diese Weise arbeiteten wir mit Norm auch in den folgenden fünfzig Jahren.

Bei unserer Unterhaltung betonte Norm, wie wichtig es sei, mehr als nur ein Produkt anzubieten, weil ein einziges Produkt nur selten für den Erfolg eines Unternehmens ausreicht. Zu den Produkten, die Bill und seine Kommilitonen im Frühjahr 1938 in Stanford entwickelt hatten, gehörten auch eine Reihe von Instrumenten zur Messung von Tonfrequenzen. Zusätzlich zu Bills Oszillator entschieden wir uns, ein Produkt zu entwickeln, das auf dieser Vorarbeit basieren sollte. Damit traten wir in direkte Konkurrenz zur General Radio Company.

Ende 1939, nach unserem ersten vollen Geschäftsjahr belief sich unser Umsatz auf 5369 Dollar, und der Gewinn betrug 1563 Dollar. In den darauffolgenden Jahren haben wir bis auf den heutigen Tag immer einen Gewinn erzielt.

Kapitel 4

Mehr Platz

Im Herbst 1939 hatten unsere Geschäfte bereits einen solchen Umfang angenommen, daß wir mehr Platz brauchten. Wir mieteten also ein kleines Gebäude in Palo Alto an der Page Mill Road in der Nähe des Camino Real. Es lag hinter der Werkstatt von John ›Tinker‹ Bell und war ungefähr zwei Meilen von unserer Garage entfernt. Etwa zur gleichen Zeit heiratete Bill Hewlett Flora Lamson. Die beiden kannten sich schon seit ihrer Kindheit aus gemeinsamen Ferientagen in der Sierra Nevada. Bill war sehr glücklich, er gab seine Junggesellenbude an der Addison Avenue auf und zog mit Flora in ein Haus in der Nähe unseres neuen Geschäftes.

Im Vorderteil unseres neuen Gebäudes richteten wir ein Büro ein, und im hinteren Raum waren einige Maschinen und Werkbänke untergebracht. Daneben verfügten wir auch über Geräte zum Heißtauchen und Lackieren. Es schien uns, als wären unsere Platzprobleme ein für allemal gelöst.

Aber auch an unserer neuen Wirkungsstätte waren wir nicht völlig sorgenfrei. Wenn es im Winter regnete, floß das Wasser die Page Mill Road hinunter, so daß wir manchmal die Vordertür mit Sandsäcken verbarrikadieren mußten, um vom Hochwasser verschont zu bleiben. An Stelle von Lus Küchenherd, den wir zum Trocknen der Farbe auf unseren Gehäusen benutzt hatten, bauten wir einen alten Kühlschrank zu einem Ofen um, den wir im Hinterhof aufstellten. Leider dachten wir nicht an die Kapokisolierung des Kühlschranks, und eines Nachts stand er auf einmal in Flammen. Zum Glück sah ein vorbeikommender Autofahrer das

Feuer und rief die Feuerwehr, ehe größerer Schaden entstehen konnte.

In jenen Anfangstagen unseres Unternehmens mußten Bill und ich flexibel sein. Wir mußten praktisch fast alles selbst machen, von der Entwicklung und Konstruktion von Produkten bis hin zu Preisgestaltung, Verpackung und Versand; vom Verhandeln mit Kunden und Vertretern bis zur Buchführung; vom Schreiben der Werbeanzeigen bis zum Saubermachen am Ende des Arbeitstags. Vieles, was ich in dieser Zeit gelernt habe, ist unbezahlbar und wird an keiner Business-School gelehrt.

Wir stellten fest, daß sich die Preise für die Bauteile unserer Produkte auf zwei Ebenen bewegten. Die Vertreter der Hersteller verkauften an die Einzelhändler zum Fabrikpreis, und diese gaben die Bauteile zum zehnfachen Preis an ihre Kunden weiter. Wir lernten dann Bill Purdy kennen, der Vertreter von Allen-Bradley war und uns die Möglichkeit gab, zu Fabrikpreisen einzukaufen. Später waren wir in der Lage, vergleichbare Abmachungen beim Kauf anderer Bauteile zu treffen, so daß wir schließlich den größten Teil der Komponenten für ein Zehntel des Einzelhandelspreises kaufen konnten. Schwieriger war es, Rahmen und Chassis für unsere Produkte zu bekommen. Damals gab es in der Bay Area nur wenige Lieferanten für Blech- oder Metallteile. Schließlich stellten wir Al Spear zur Herstellung unserer Gehäuse ein. Es war damals üblich, Meßgeräte in Holzgehäuse zu montieren. Die meisten waren aus Walnuß, aber wir entschieden uns für Eiche. Und als wir später Testgeräte für höhere Frequenzen entwickelten, verwendeten wir gar kein Holz mehr, da es keinen zusätzlichen Nutzen brachte und nur die Kosten erhöhte.

Unsere Blechteile wurden von Ernie Shiller geliefert, der ganz in der Nähe unserer Garage an der Addison Avenue seinen Ein-Mann-Betrieb hatte. Ernie war ein bärbeißiger alter Knabe, aber ein guter Mechaniker und Handwerker, der jahrelang für uns arbeitete.

Liquiditätsprobleme

In jenen frühen Tagen litten wir häufig unter Liquiditätsproblemen. Ich erinnere mich da an einen Auftrag der ITT Company aus dem Jahre 1940. ITT arbeitete an einem Instrumentenlandesystem für Flugzeuge. Das System benötigte einen abstimmbaren Oszillator und einen quarzgesteuerten Festfrequenzoszillator. Die von mir bereits erwähnte General Radio Company hatte zwar den abstimmbaren Generator geliefert, nicht aber die Festfrequenzoszillatoren. In unserer Naivität nahmen wir den Auftrag an, was sich als große Herausforderung erweisen sollte. Nachdem wir mit der Entwicklung begonnen hatten, zeigte sich recht schnell, daß wir nicht über genügend Kapazität verfügten, um den Auftrag fristgerecht auszuführen. Zum Glück konnte ich Noel Eldred, Bill Doo-

Bill und Flora Hewlett in Squaw Valley bei der Eröffnung der Olympischen Winterspiele 1960.

little und Brunton Bauer von Heintz and Kaufmann als Mitarbeiter gewinnen. Alle drei wurden wichtige Mitglieder unseres Teams. Wir schafften es, das Gerät mit den gewünschten technischen Daten zu bauen, und wir schickten es zusammen mit unserer Rechnung an ITT. Dann hörten wir nichts mehr und stellten schließlich fest, daß wir ohne das Geld von ITT die Gehälter für die nächste Woche nicht mehr bezahlen konnten. In dieser Notsituation rief ich Harold Buttner an, unseren Freund bei ITT, der uns das Geld sofort überweisen ließ.

Harold war in vieler Hinsicht ein guter Freund, und als er bei ITT ausschied, bat ich ihn sofort, in den Vorstand von Hewlett-Packard einzutreten. Er wurde zu einem unserer besten Direktoren, nicht zuletzt deswegen, weil er dank seiner Tätigkeit bei ITT fast in jeder Elektronikfirma der Welt Leute kannte.

Unsere Erfahrung mit dem ITT-Auftrag überzeugte mich davon, daß wir mehr Betriebskapital brauchten. Ich entschloß mich, einen Kredit bei der Bank of America aufzunehmen, der größten Bank in Kalifornien. Wir beantragten also ein Darlehen von 500 Dollar, und sie schickten jemanden vorbei, der sich unseren Betrieb ansah. Anscheinend war er nicht sehr beeindruckt, denn die Bank erklärte sich nur unter der Bedingung zur Gewährung eines Kredits bereit, daß wir unsere Forderungen an sie abtreten würden.

Das sahen wir nicht ein, und ich ging zu unserer örtlichen Bank, der Palo Alto National. Als ich mich dem Präsidenten Jud Crary vorstellte, sagte er mir, daß er sich an mich als Sportler in Stanford erinnere. Ich beschrieb unsere Anfangserfolge und erklärte ihm, daß wir jetzt einen Kredit von 500 Dollar brauchten, um unser Geschäft zu erweitern. Crary hörte zu, stellte einige Fragen und ließ mich dann eine Erklärung unterschreiben. Wir gingen durchs Zimmer, und dann händigte er mir einen Scheck über 500 Dollar aus. Dieser Vertrauensbeweis von Crarys Seite bildete den Auftakt für eine lange und glückliche Geschäftsbeziehung. Und als der Finanzierungsbedarf des Unternehmens schließlich einen

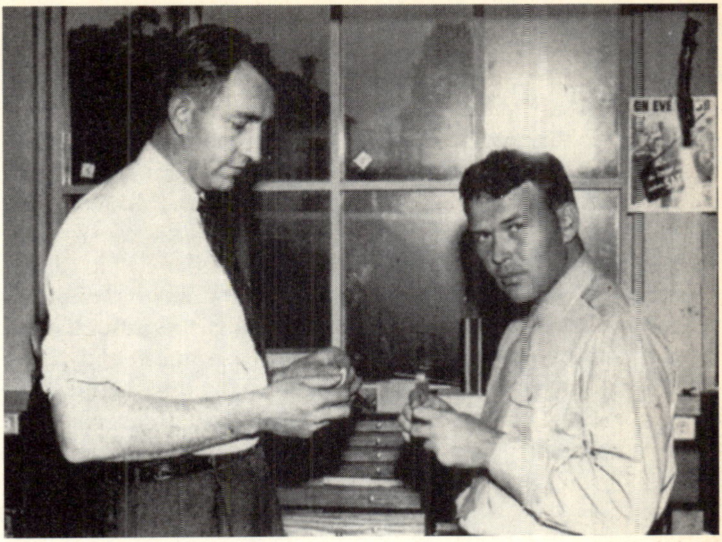

Dave Packard (links) und Bill Hewlett in der Werkstatt, 1944.

Umfang angenommen hatte, dessen Volumen die gesetzlichen Möglichkeiten der Bank überschritt, wandten wir uns an Wells Fargo, die Partnerbank der Palo Alto National. Wells Fargo sandte uns einen pensionierten Ingenieur, mit dem ich einen ganzen Nachmittag verbrachte. Er gab mir einen Rat, den ich nie vergessen habe: Die meisten Unternehmen, so sagte er, sterben nicht an Hunger, sondern an Verstopfung. Im Lauf der Jahre konnte ich mich immer wieder von der Richtigkeit dieser Aussage überzeugen.

Kurz nach dem Umzug in das Haus an der Page Mill Road bekamen wir Besuch von Melville Eastham, dem Gründer von General Radio. GenRad, wie es heute heißt, hatte seinen Sitz in Massachusetts und bestand schon seit längerem. Wir wußten selbstverständlich, daß es ein hervorragendes Unternehmen war.

Fred Terman hatte uns mit Eastham bekannt gemacht, der nun einen Nachmittag mit uns verbrachte und uns einige sehr wertvolle Ratschläge zur Organisation und Leitung eines Unternehmens gab. Eastham hatte natürlich erkannt, daß wir in direkte Konkurrenz zu seinem Unternehmen treten würden, und ich hatte mich eigentlich auf ein unangenehmes Gespräch eingestellt. Er versicherte uns jedoch, daß Konkurrenz das Geschäft belebe und daß es besser sei, wenn zwei Unternehmen ein neues Produkt einführen, besonders, wenn dabei eine neue Technologie zum Einsatz kommt, weil dies die Glaubwürdigkeit gegenüber dem Kunden erhöhe. Auch nach diesem Zusammentreffen zeigten sich Eastham und seine Kollegen von General Radio immer wieder hilfsbereit, und obwohl wir eigentlich Konkurrenten waren, wurden wir auch gute Freunde.

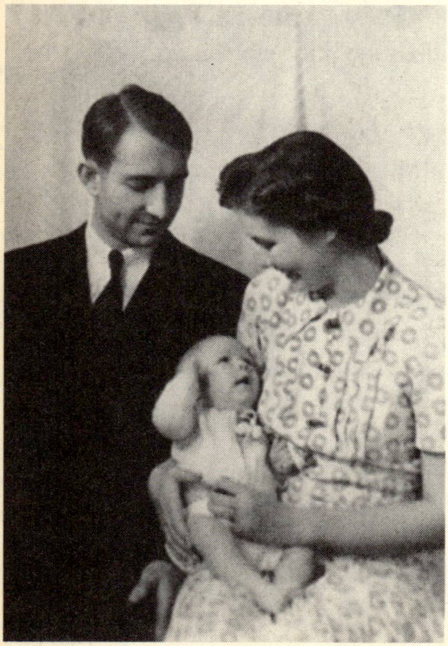

Dave und Lucile Packard mit ihrem Sohn David Woodley, 1940.

Auch 1940 wuchs unser kleines Unternehmen weiter. Am Ende des Jahres standen ungefähr zehn Leute auf unserer Gehaltsliste, zu denen auch Harvey Zeiber gehörte, den wir als unseren ersten Mitarbeiter eingestellt hatten, als wir noch in der Garage arbeiteten. Inzwischen hatten wir in Helen Perry auch unsere erste Sekretärin, und unser Betrieb hatte sich auf das weit größere Eckgebäude von Tinker Bell ausgedehnt.

Im selben Jahr erhielten wir auch Familienzuwachs. David Woodley, das erste Kind von Lu und mir, wurde im Oktober geboren. Lu hatte ihre Arbeit an der Stanford University aufgegeben, war jedoch weiterhin für unser Unternehmen tätig. Sie machte alles und führte sogar Einstellungsgespräche mit Bewerbern.

Hewlett wird einberufen

Unser Verkäufer an der Ostküste war Bruce Burlingame, der mit dem Leiter der Labors des Army Signal Corps in Fort Monmouth, New Jersey, befreundet war. Im Frühjahr 1941 wurde Bill Hewlett, der Reserveoffizier war, zum aktiven Dienst einberufen. Mit Hilfe von Bruce Burlingame konnten wir das Signal Corps davon überzeugen, daß Bill zusammen mit mir bei HP einen weit größeren Beitrag zur Landesverteidigung leisten konnte. Nach seiner Rückkehr im Herbst konnte Bill jedoch nur kurze Zeit für die Firma arbeiten, bevor die Japaner am 7. Dezember Pearl Harbor angriffen. Bald darauf mußte er wieder in den aktiven Dienst und verbrachte den Rest des Kriegs als Offizier im Army Signal Corps. In diesen Jahren waren wir beide so sehr beschäftigt, daß wir kaum Kontakt miteinander hatten.

HP war kein Rüstungsbetrieb in dem Sinn, daß Produkte für militärische Zwecke entwickelt und produziert wurden. Da jedoch viele unserer Geräte von militärischen Einrichtungen und Rüstungsunternehmen gekauft wurden, verzeichneten wir während des Krieges ein rasantes Wachstum. Unser Jahresumsatz erreichte sehr rasch 1 Million Dollar, und am Ende des Krieges beschäftigten wir zweihundert Mitarbeiter. In Palo Alto gab es eine Arbeitsvermittlungsstelle, die uns die meisten unserer Mitarbeiter beschaffte. Wir stellten zum Beispiel ›Cap‹ Stuart ein, einen pensionierten Heeresoffizier, der unsere Lohnbuchhaltung übernahm. Er arbeitete sehr gewissenhaft und sorgte dafür, daß die Buchhaltung auf den letzten Cent stimmte.

Damals stellten wir auch Rufe Kingman ein, einen pensionierten Maschinenbauingenieur, der sich als hervorragender Konstrukteur erwies. Die Navy erteilte uns einen Großauftrag zur Entwicklung eines Servoantriebes für die Ausrichtung von Parabolantennen. Rufe wußte genau, welche Toleranzen für die Lager zulässig waren, und leistete hervorragende Arbeit bei der Konstruktion der Getriebe. Er entwickelte auch eine Maschine zur Herstellung von Plastikkarten, auf denen Bauelemente befestigt wurden. Wir benutzten diese Karten in all unseren Geräten bis zur Einführung von gedruckten Schaltungen. Wir entwickelten auch einen Test, der es uns ermöglichte, Leute zu finden, die die Bauelemente montieren und verlöten konnten. Es handelt sich dabei um eine relativ einfache Arbeit, die jedoch, wenn nicht richtig ausgeführt, zu Ausfällen führen konnte.

In den frühen vierziger Jahren baute Sothenes Behn in New Jersey eine große Fabrik, in der die meisten im Krieg benötigten Magnetrons hergestellt werden sollten. Das Werk verfügte über breite Gänge, durch welche Behn die hohen Tiere aus Washington bequem geleiten konnte. Es gab nur ein Problem: Er konnte keine einzige funktionstaugliche Röhre herstellen! In seiner Verzweiflung wandte sich Behn an Charlie Litton mit der Bitte, die Fabrik auf Vordermann zu bringen. Charlie erklärte sich dazu bereit. Im Gegenzug schickte man Jack Copeland, dessen Fähigkeiten eher in der Verwaltung lagen, von New Jersey nach Redwood City, um sich um Charlies Unternehmen zu kümmern. Copeland hatte keine technischen Erfahrungen und Kenntnisse, deshalb bot ich ihm meine Hilfe an. Ungefähr ein Jahr später zerstörte ein Großbrand einen Großteil der Maschinen von Litton Engineering Laboratories. Zu dieser Zeit hatte HP bereits einen umfangreichen Maschinenpark aufgebaut, den wir jedoch nur tagsüber benutzten. Also stellte ich Copeland und seinen Mitarbeitern unsere Maschinen in der Nacht zur Verfügung. Dadurch konnten sie reibungslos weiterarbeiten, bis sie ihre eigene Fabrik wieder aufgebaut und neu ausgestattet hatten.

Während des Krieges führten wir den Zweischichtbetrieb ein und bauten 1943 an der Page Mill Road 395 unser erstes Gebäude, um die wachsende Produktion unterzubringen. Obwohl wir unter enormem Termindruck arbeiteten, war das Klima in der Firma von großer Begeisterung und Kollegialität geprägt. Wir waren einer von nur drei Herstellern in

Fertigung bei Hewlett-Packard, ca. 1944.

Kalifornien, die 1943 den E-Award der Army und Navy gewannen. Diese Auszeichnung erhielten nur 2,5 Prozent aller Firmen in den Vereinigten Staaten. Unsere Leute arbeiteten sehr hart, und wir wollten dies honorieren und sie zu weiterem Einsatz anspornen. Schon vor dem Krieg hatten Bill und ich mit der Einführung eines Prämiensystems für alle unsere Mitarbeiter begonnen, das auf das Vorbild von General Radio zurückging. Den Berechnungen lag eine komplizierte Formel zugrunde, die davon ausging, daß bei Überschreiten bestimmter Produktionszahlen eine Prämie ausgezahlt wird. Der Plan von General Radio galt nur für Ingenieure, aber Bill und ich hielten es für angemessen, alle Mitarbeiter einzubeziehen, weil wir nicht den Beitrag einer bestimmten Gruppe, sondern den aller Beteiligten würdigen wollten.

Das System funktionierte sehr gut und erwies sich besonders im Krieg als sehr hilfreich. Die Löhne waren zwar gesetzlich eingefroren worden, aber da bereits existierende Prämiensysteme wie unseres gültig blieben, konnten wir auch weiterhin produktionsabhängige Prämien ausschütten.

Aufgrund hoher Produktivität stiegen nach dem Krieg die Prämien für unsere gesamte Belegschaft auf bis zu 85 Prozent des Grundgehalts. Zu diesem Zeitpunkt, also einige Zeit nach Kriegsende, gaben wir dieses Prämiensystem auf. Aber wir behielten die Praxis der Gewinnbeteiligung für alle Mitarbeiter bei. Bis auf den heutigen Tag hat Hewlett-Packard ein Programm der Gewinnbeteiligung, das zu Teamarbeit ermutigt und den wichtigen Zusammenhang zwischen dem Einsatz der Mitarbeiter und dem Erfolg des Unternehmens betont.

Eines Tages, es war noch in den ersten Kriegsjahren, warteten in meinem Büro zwei Herren vom lokalen ›Renegotiation Board‹ auf mich. Renegotiation hieß ein von der Bundesregierung eingeführtes Verfahren, das exzessive Kriegsgewinne der Unternehmen verhindern sollte. Es war ein gutes

Programm, das den Unternehmen angemessene Gewinne für gute Leistungen einräumte.

Hier ist vorauszuschicken, daß Bill und ich beschlossen hatten, unsere Gewinne wieder zu investieren und nicht auf langfristige Kredite zurückzugreifen. Dieser Punkt lag mir sehr am Herzen, und nach unserer Überzeugung konnten wir durch die Reinvestition unserer Gewinne ein jährliches Wachstum von 100 Prozent erzielen. Nach dem Gespräch schienen die beiden Herren zwar beeindruckt von unserem Vorgehen, verwiesen jedoch auf den gesetzlich festgelegten Gewinn von 12 Prozent des Eigenkapitals. Ich machte ihnen deutlich, daß sich unser Umsatz jedes Jahr verdoppelt hatte und dies auch weiterhin der Fall sein würde. Des weiteren wies ich darauf hin, daß ich mein eigenes Gehalt niedrig gehalten hatte, weil ich es für unfair hielt, mehr zu verdienen als Bill bei der Army. Zuletzt hob ich noch unsere Maßnahmen zur Kostenkontrolle hervor, denen es zu verdanken war, daß die Regierung nirgendwo bessere Produkte zu einem günstigeren Preis kaufen konnte. Aus diesen Gründen sei es mir unmöglich, eine Gewinngrenze von 12 Prozent zu akzeptieren. Daraufhin meinten sie, daß ich mich mit meinem Anliegen an Washington wenden müsse. Das tat ich auch und kam mit der Regierung zu einer Übereinkunft, in der unser Unternehmen praktisch alle Forderungen durchsetzen konnte.

Eintritt in die Mikrowellentechnik

Unser Schwerpunkt lag zwar nach wie vor auf der Produktion, wir stiegen aber auch allmählich in die Produktentwicklung ein, als wir zu Beginn des Krieges einige Leute vom Naval Research Laboratory kennenlernten. Neben dem Verkauf von Standardprodukten interessierte uns auch ihr potentieller Bedarf an anderen Geräten. Unter anderem lernten wir Dr. Andy Haeff kennen, der einen Teil des Labors leitete. Dr. Haeff und seine Mitarbeiter hatten einen Mikrowellensignalgenerator entwickelt und wollten weitere Geräte für den Einsatz bei der Navy liefern. Wir hatten zwar keine Erfahrung mit diesen Geräten, erklärten uns jedoch zur Produktion bereit. Wir mußten uns genau überlegen, wie wir dies mit unserer begrenzten Maschinenkapazität bewerkstelligen sollten. Doch mit Hilfe von Norman Shrock schafften wir es und konnten schon bald zu einem vernünftigen Preis einige Geräte liefern. Dr. Haeff war beeindruckt und gab uns weitere Aufträge für die Navy. Wir entwickelten zusätzliche Instrumente und bauten später ein von Dr. Haeffs Gruppe entwickeltes System, das das Radar eines feindlichen Schiffs stören konnte. Dieser Auftrag bildete den Kern eines Projekts unter dem Kodenamen ›Leopard‹. Wir bemühten uns sehr darum, den Liefertermin einzuhalten, und arbeiteten praktisch rund um die Uhr. Ich weiß noch, daß ich in der Fabrik sogar ein Feldbett aufstellte, auf dem ich viele Nächte schlief.

Diese Zusammenarbeit erwies sich für uns als ungemein nützlich. Wir gewannen neue technische Kenntnisse, die uns halfen, eine Spitzenposition im Mikrowellengeschäft einzunehmen. Diese Entwicklung hat sich nach dem Krieg sehr positiv auf unseren Umsatz ausgewirkt.

Während des zweiten Weltkriegs wuchs nicht nur das Unternehmen, sondern auch unsere Produktvielfalt: Nach Bills Tongenerator entwickelten wir einen Spektrumanalysator und mehrere Klirrfaktormeßgeräte, danach einen leistungsstärkeren Tonsignalgenerator, der vor allem beim Bau von Näherungszündern für das Militär Verwendung fand. Wir bauten damals kein Röhrenvoltmeter, weil an einem solchen Gerät bereits die Ballantine Company arbeitete, deren Produkte meistens von denselben Verkäufern vertrieben wurden wie unsere. Als sich später herausstellte, daß das Produkt von Ballantine einige Mängel aufwies, entwickelten wir unser sehr erfolgreiches Röhrenvoltmeter Modell 400A.

Zielausrichtung

Obwohl alle unsere Instrumente unterschiedlich waren, dienten jedoch letztlich alle zum Messen und Testen von elektronischen Geräten. Diese Tatsache spiegelte unsere Strategie wider, uns auf eine Gruppe sich ergänzender Produkte zu konzentrieren, statt uns in vielen Richtungen zu verzetteln. Nach meiner Überzeugung war diese Entscheidung, unsere Anstrengungen auf ein bestimmtes Gebiet zu konzentrieren, nicht nur für die Anfangsjahre des Unternehmens, sondern auch später noch von höchster Bedeutung. Während des Krieges hätten wir einige – wenigstens für uns – wirklich große Produktionsaufträge übernehmen können. Aber das hätte das Unternehmen zu einem Umfang aufgebläht, den wir später wohl kaum hätten aufrechterhalten können. Ich vertrat die Auffassung, daß wir nicht mehr annehmen durften, als für uns in einem vernünftigen Rahmen zu bewältigen war, und daß wir eine solide Basis nur aufbauen konnten, wenn wir uns auf unsere Stärken konzentrierten: die Entwicklung und Produktion von hochwertigen Meßgeräten.

Selbstverständlich waren nicht wenige Elektronikfirmen in Kalifornien an Rüstungsaufträgen interessiert und auch durchaus imstande, sie auszuführen. Einige waren zumindest zu Beginn des Krieges der Meinung, daß sie Anspruch auf einen größeren Anteil an solchen Aufträgen hatten. Ihre Unzufriedenheit führte schließlich zur Gründung der West Coast Electronics Manufacturers Association. Dieser Verband ermöglichte den Unternehmen der Westküste, sich zusammenzutun und in Washington geschlossen für ihre Interessen einzutreten. Anfangs gab es rund ein Dutzend Mitglieder in Südkalifornien, deren Organisation Les Hoffman von Mission Bell Radio, später Hoffman Radio, übernommen hatte. Im Norden baute ich eine ähnliche Gruppe auf, zu der Eitel-McCullough, Heintz and Kaufman, Kaar Engineering und HP gehörten. Mit der Branche wuchs auch der Verband. Ende der fünfziger Jahre ging daraus die WEMA hervor, die

die Interessen der Elektronikunternehmen westlich des Mississippi vertrat. 1978 wurde die Organisation in American Electronics Association (AEA; Amerikanischer Elektronikverband) umbenannt. Heute ist die AEA ein nationaler Wirtschaftsverband mit landesweit über 3400 Mitgliedsunternehmen.

Nach dem Ende des Krieges 1945 kehrte Bill gerade rechtzeitig zu Weihnachten nach Palo Alto zurück. Schon bald hatte er im Unternehmen wieder Fuß gefaßt. Als Offizier des Signal Corps hatte er an einer Reihe wissenschaftlicher und technischer Projekte mitgearbeitet, und diese Erfahrungen erwiesen sich jetzt als sehr nützlich. Er hatte einige technische Experten kennengelernt, von denen er später manche für unser Unternehmen gewinnen konnte.

Das Kriegsende stellte die meisten Unternehmen vor große Probleme, auch wir blieben davon nicht verschont. Wie nicht anders zu erwarten, gingen unsere Aufträge stark zurück, so daß wir zu Entlassungen gezwungen waren. Viele Frauen, die während des Krieges zu uns gekommen waren, verließen das Unternehmen nach Kriegsende. Es gelang uns jedoch, die wichtigsten Leute zu halten, und wir beschlossen, die Flaute als Gelegenheit zu nutzen, um fähige Techniker für die Firma zu finden. Besonders interessiert waren wir an den Ingenieuren, die während des Krieges mit Fred Terman im Radio Research Laboratory von Harvard und in anderen rüstungsorientierten Forschungslabors gearbeitet hatten. Schließlich konnten wir Ralph Lee, Bruce Wholey, Art Fong, Ray Demere und Howard Zeidler sowie einige Zeit später George Kan und Horace Overacker einstellen. Diese Ingenieure hatten entscheidenden Anteil an der Entwicklung der in der kritischen Nachkriegszeit dringend benötigten neuen Produkte und nahmen später Schüsselpositionen im Unternehmen ein.

Ich habe bereits erwähnt, daß wir für die Navy während des Krieges mehrere Mikrowellensignalgeneratoren gebaut hatten. Dabei hatten wir eine Menge gelernt, und wir beschlossen, die Arbeit in diesem Bereich auch nach Kriegsende fortzusetzen. Interessanterweise glaubte General Radio, der damals führende Meßgerätehersteller, nicht an eine Zukunft für Mikrowellentestgeräte. Doch für uns wurden sie zu einem wichtigen und wachsenden Geschäftsbereich. Wir erfuhren auch, daß sich Varian Associates, die sich in einer kleinen Division mit Halbleitern befaßten, für die Zukunft andere Tätigkeitsbereiche suchten. 1950 kauften wir diese Division auf und gliederten sie in unseren Mikrowellenbereich ein.

Nicht nur die Hewlett-Packard Company verzeichnete in den vierziger und fünfziger Jahren ein reges Wachstum, sondern auch die Familie Packard: Unsere drei Töchter Nancy, Susan und Julie kamen 1943, 1946 beziehungsweise 1953 zur Welt. Aus diesem Grund waren Lucile und ich gezwungen, mehrmals umzuziehen. Aus unserem Haus an der Addison Avenue zogen wir in ein Haus an der Matadero Avenue im Süden von Palo Alto, das nur durch eine Wiese von Tinker Bells Werkstatt getrennt war. Ein paar Jahre später erfuhr ich von einem teilweise fertiggestellten Haus in den Los Altos Hills. Wir kauften das Anwesen, ließen das Haus fertigbauen, und ich pflanzte nach Plänen des bekannten Landschaftsarchitekten Thomas Church selbst Bäume und Sträucher und legte Blumenbeete an. 1958 zogen wir erneut um, diesmal in ein noch höher in den Bergen liegendes Haus, das von Aprikosenbäumen umgeben ist. Dort wohne ich noch immer.

Kapitel 5

Von der Partnerschaft zur Aktiengesellschaft

1947 ließen wir Hewlett-Packard als Aktiengesellschaft eintragen. Das brachte nicht nur einige Steuervorteile, sondern führte auch zu mehr geschäftlicher Kontinuität als in einer Partnerschaft. Zu dieser Zeit war auch das oberste Führungsteam mit den Leuten besetzt, die das Unternehmen in den nächsten dreißig Jahren leiten sollten: Ed Porter war ebenfalls zu uns gestoßen und konzentrierte sich auf den Produktbereich der Firma; Noel Eldred übernahm das Marketing und Frank Cavier die Finanzen.

1950 hatte die Zahl unserer Mitarbeiter wieder 200, den Höchststand während der Kriegsjahre erreicht. Nachdem wir zunächst in einen Schuppen ausgewichen waren, bauten wir neben unserem vorhandenen Gebäude nun eine permanante Fabrikhalle. Wir konzipierten sie als Mehrzweckgebäude, das wir bei nachlassender Auftragslage auch als Supermarkt vermieten konnten.

Das Unternehmen wuchs in den frühen fünfziger Jahren sehr rasch, teilweise bedingt durch den Koreakrieg. Aber wir hatten uns auch eine solide Basis für Wachstum geschaffen und hatten dank unserer Anstrengungen in den späten vierziger Jahren im Jahre 1952 eine Produktpalette von mehr als hundert Geräten. Um mit dieser steigenden Zahl von Produkten Schritt zu halten, verbesserten und erweiterten wir auch unsere Fertigungsanlagen. Schließlich wurde unter Noel Eldred auch unser Vertriebsnetz effizienter und produktiver. Von 1950 bis 1951 verdoppelte sich unser Umsatz, und ebenso von 1951 bis 1952.

Nach dem Krieg verließ Fred Terman das Radio Research Laboratory von Harvard und kehrte nach Stanford zurück. Wir nahmen unsere engen Beziehungen zu Fred wieder auf und entwickelten mit ihm ein Stipendiaten-Programm, das graduierten Stanford-Studenten Gelegenheit gab, für HP zu forschen, ein Produkt zu entwickeln und dann zu bauen. Einer dieser Studenten, der zuvor am California Institute of Technology studiert hatte, war Al Bagley. Wir wollten einen schnellen Zähler zum Messen nuklearer Radioaktivität entwickeln, und Bagley arbeitete an diesem Projekt. Er schaffte es, ein Gerät zu entwickeln, das Frequenzen bis zu zehn Megahertz zählte. Das ging weit über die ursprüngliche Vorgabe hinaus, und wir konnten damit einen Frequenzzähler in das Produktsortiment von HP aufnehmen. Dieses Gerät arbeitete nicht sehr zuverlässig, und wir betrauten unseren Ingenieur Marv Wilrodt mit den Reparaturen bei den Kunden. Wenn er funktionierte, war der Zähler so nützlich, daß unsere Kunden die Unzuverlässigkeit in Kauf nahmen. Es war also ein langer Weg, um die heute bekannte Zuverlässigkeit von HP-Produkten zu erreichen! Nach dem ersten Produkt entwickelten Al Bagley und sein Team eine wachsende Familie von Frequenzzählern und verwandten Geräten, die zu den erfolgreichsten Produkten von HP überhaupt gehören und dem Unternehmen im Lauf der Jahre Umsätze in Milliardenhöhe eingebracht haben.

Unsere Zusammenarbeit mit Stanford und Fred Terman setzte sich fort: 1954 erweiterten wir das Stipendiaten-Programm um das Honors Cooperative Program, das es qualifizierten HP-Ingenieuren ermöglichte, höhere akademische Grade an der Stanford University anzustreben. Dank dieses Programms konnten wir erstklassige junge Leute aus dem ganzen Land gewinnen, denen wir versprachen, daß sie – entsprechende Leistungen vorausgesetzt – bei vollen HP-Bezügen weiterstudieren konnten. Ursprünglich übernahm das Unternehmen nur einen Teil der Studiengebühren, inzwischen kommt es für die gesamten Kosten auf. Mehr als vier-

Dave Packard, Bill Hewlett und Fred Terman vor dem Stanford Electronic Research Laboratory, 1952. Eine Spende der Hewlett-Packard Company ermöglichte den Anbau eines zusätzlichen Flügels, der als Labor genutzt wird.

hundert HP-Ingenieure haben ihren Master's-Degree oder einen Doktortitel mit Hilfe dieses Programms erworben, das so zu einem wichtigen Faktor für den anhaltenden Erfolg unseres Unternehmens wurde.

In den frühen fünfziger Jahren schuf Stanford den Stanford Industrial Park, der die Bande zur lokalen Industrie weiter festigte. Motor dieser Entwicklung war einmal mehr Fred Terman. Die Universität stellte 234 Hektar Land neben dem Campus in Palo Alto als Baugrund für Forschungslabors, Büros und Fertigungsanlagen zur Verfügung. Die Unternehmen pachteten das Land von Stanford und bauten unter Einhaltung strenger Vorschriften und architektonischer Vorgaben ihre eigenen Gebäude.

1956 begannen wir mit dem Bau unserer ersten beiden Gebäude im Park. Varian Associates war zwar schon vor uns da, aber im Lauf der Jahre wurde HP mit einer genutzten Fläche von rund 100 000 Quadratmetern zum größten Pächter.

Der Stanford Park, der erste seiner Art in den USA, hat mittlerweile mehr als achtzig Pächter. Wie Hewlett-Packard haben viele der dort tätigen Unternehmen enge Beziehungen zur Universität.

1952 begann ich mit der Viehzucht. Bill und ich waren in San Felipe, südlich der San Francisco Bay, auf der Jagd gewesen. Die Gegend gefiel uns, und als das Land zum Kauf angeboten wurde, entschlossen wir uns, gemeinsam eine Ranch zu betreiben. Es war von Anfang an ein Projekt beider Familien. Die meisten Hewlett- und Packardkinder lernten im kleinen Pool in San Felipe schwimmen. Die Kinder ritten auf Pferden durch die Berge und erlebten die Freuden und Probleme der Viehzucht hautnah mit. Nach einigen Jahren erweiterten wir die Ranch durch den Zukauf von Los Huecos, das südlich des ursprünglichen Geländes liegt. Später erwarben wir noch Ranchland in Idaho sowie im Central Valley von Kalifornien. Vor einigen Jahren behaupteten einige Umweltschützer, wir hätten durch zu intensive Viehhaltung das Weideland in Idaho geschädigt. Aber Tatsache ist, daß der

Jagdgesellschaft auf der San Felipe-Ranch, 1970 (von links nach rechts:) Ernie Arbuckle, Bill Hewlett, Noel Eldred, Maury Doyle und Dave Packard.

Wildbestand aufgrund der von Bill und mir zur Verbesserung des Landes vorgenommenen Schritte heute fünfmal so hoch ist als zur Zeit unserer Ankunft.

Als Viehzüchter habe ich sehr viel Schönes erlebt und auch manches dazugelernt. Jedes Jahr mußten wir die Rinder vom Weideland in den Pferch treiben. Dabei kam es vor allem darauf an, sie zum Passieren der Gatter zu bewegen, ohne eine Stampede auszulösen. Nach vielen Versuchen hat es sich als beste Methode erwiesen, von hinten kontinuierlich sanften Druck auszuüben. Früher oder später entschied sich dann ein Tier, durchs Gatter zu gehen. Die anderen folgten bald nach. Wenn man sie zu stark bedrängte, gerieten sie in Panik und zerstreuten sich in alle Richtungen. Wenn man gar keinen

Druck mehr ausübte, wanderten sie einfach zu ihren alten Weideplätzen zurück. Diese Erkenntnis hat mir im Laufe meiner Managementkarriere immer wieder große Dienste erwiesen.

Die gemeinsame Ranch förderte auch die Freundschaft mit Bill Hewlett. Bei der gemeinsamen Leitung der Ranch – und des Unternehmens! – entwickelten Bill und ich ein einzigartiges Verständnis füreinander. Und diese Harmonie war sehr förderlich für HP.

Ein Quantensprung

1957 bedeutete für HP in vieler Hinsicht einen Quantensprung: Ende 1956 erreichten die Auftragseingänge einen neuen Höchststand; unsere Produktion hatte sich enorm erweitert, die Zahl der Mitarbeiter war zwischen dem 1. Januar 1956 und dem 1. Januar 1957 von 779 auf 1268 gestiegen; unsere Anlage an der Page Mill Road 395 bestand mittlerweile aus vier Gebäuden. Im September 1957 wurde unser erstes Werk (von sechs geplanten) im Stanford Industrial Park fertiggestellt; das zweite Gebäude, ein neues Labor, wurde im Oktober fertig.

Im November 1957 wurden Hewlett-Packard-Aktien an der Börse eingeführt. 10 Prozent der Stammaktien aus dem Besitz von Bill Hewlett und mir wurden zu einem Preis von 16 Dollar pro Aktie verkauft. Diese und spätere Verkäufe verbreiterten die Eigentümerbasis von HP und gaben unseren Mitarbeitern die Möglichkeit, Aktien zu erwerben. Uns wiederum ermöglichte es die Übernahme anderer Unternehmen in den späten fünfziger und frühen sechziger Jahren.

Es gab ein weiteres Ereignis im Jahre 1957, das für unser Unternehmen und besonders für unsere Tätigkeit außerhalb der USA von großer Bedeutung war: die Unterzeichnung des Abkommens von Rom. Bis zu diesem Zeitpunkt hatten wir relativ wenig dafür getan, für unsere Produkte ausländische Märkte zu erschließen. Einige Jahre lang hatten wir einen Exportbeauftragten in San Francisco, der HP-Produkte über ein Netz von Vertretern in Übersee verkaufte. Das funktionierte auch ganz gut, aber spätestens ab 1954 kamen wir zu der Einsicht, daß wir unsere Anstrengungen verstärken mußten. Aus diesem Grund schufen wir eine Exportabteilung, die direkten Kontakt mit den Vertretern in Übersee hielt.

Als das Abkommen von Rom 1957 unterzeichnet wurde, machten die Exporte 11 Prozent des Gesamtumsatzes von Hewlett-Packard aus. Die Bedeutung des Vertrags für Unternehmen wie das unsere lag darin, daß er zur Europäischen Gemeinschaft führte, die sich im Lauf der Zeit zu einem riesigen Markt für Elektronik entwickelte. Aber dieser Markt begünstigte Produkte aus Europa gegenüber Importen aus den Vereinigten Staaten. Aus diesem Grund sahen sich die US-Unternehmen veranlaßt, in Europa nicht nur zu verkaufen, sondern auch zu fertigen.

Vor allem Bill Hewlett war begeistert von der Europäischen Gemeinschaft und war felsenfest überzeugt von den daraus resultierenden Wachstumsmöglichkeiten für HP. Also machte er sich mit Bill Doolittle, Ray Demere und dem Anwalt Nate Finch umgehend daran, das Für und Wider von Niederlassungen in den verschiedenen Ländern auszuloten. Nach sorgfältigem Abwägen kamen drei Länder als Standorte in die engere Wahl, in denen er Treffen mit Bankiers, Regierungsvertretern, Unternehmern und US-Konsulaten vereinbarte.

Im April 1959 gründeten wir eine Filiale in Genf, die unsere europäische Zentrale wurde. Im Juli eröffnete in Westdeutschland ein Vertriebsbüro, und im September wurde in Böblingen, in der Nähe von Stuttgart, eine kleine Fabrik zur Montage von Geräten eröffnet. Auf dieser bescheidenen Basis haben wir unsere Geschäftstätigkeit in Europa stetig ausgedehnt. 1994 erreichte der Umsatz in Europa mehr als ein Drittel des Gesamtumsatzes von HP.

China

HP ist heute in über 120 Ländern in der ganzen Welt tätig und verfügt über mehr als 650 Fertigungsstätten und Verkaufsniederlassungen. Wie ich immer wieder betont habe, hängt unser Erfolg zum großen Teil davon ab, daß wir die Verantwortung dorthin übertragen, wo sie am effektivsten ist. Das heißt in der Regel an die niedrigstmögliche Organisationsebene, die dem Kunden am nächsten ist.

Das Engagement von Hewlett-Packard in Fernost reicht in die Anfangsjahre des Unternehmens zurück. Doch von unserer seit langem bestehenden Geschäftsbeziehung zu Japan und japanischen Unternehmen soll hier nicht die Rede sein, weil ich später an anderer Stelle darüber berichten werde.

Die Volksrepublik China besuchte ich zum ersten Mal im November 1977 als Mitglied des *Committee on the Present Danger.* Dieses Komitee wurde gegründet, weil eine Reihe von Leuten, unter anderem auch ich, der Überzeugung war, daß der Ausbau militärischer Kapazitäten in den USA mit der schnellen Aufrüstung in der Sowjetunion nicht Schritt hielt. Das Komitee sollte eine überparteiliche Einrichtung sein, und deshalb gaben wir seine Gründung offiziell erst nach der Amtseinführung von Präsident Carter 1977 bekannt. Kurz darauf lud uns die chinesische Regierung ein zu Gesprächen über die Lage an der nördlichen Grenze des Landes, der Grenze zur Sowjetunion.

General Scowcroft, Joe Fowler (der Finanzminister unter Johnson), Paul Nitze, Max Kampelman und ich fuhren zusammen mit unseren Ehefrauen nach China. Bei der Ankunft wurden wir vom Außenminister begrüßt. Die Regierung hatte eine interessante Reise für uns arrangiert, die ausgehend von Peking in viele Teile des Landes führte. Als wir am Ende der Reise nach Peking zurückgekehrt waren, sprach der Minister mit uns über das Verhältnis Chinas zu jedem der angrenzenden Länder. Zum Thema Hong Kong bemerkte er, wir sollten uns über die Beziehungen Chinas zu der Stadt keine Gedanken machen, denn wohin sonst sollten sie ihre Schlangen und Schildkröten verkaufen. Einige von uns wurden zu einem Nachfolgebesuch im Jahre 1979 eingeladen.

Bald darauf beklagten sich die Chinesen bei einem Besuch Henry Kissingers in ihrem Lande über fehlende Unterstützung durch die Regierung Carter. Dr. Kissinger schlug ihnen vor, einige amerikanische Geschäftsleute einzuladen, und gab ihnen unter anderem meinen Namen. Kurz darauf erhielt ich eine Einladung zu einem Besuch und zu beratenden Gesprächen über Industriepolitik und militärische Logistik.

Ich war sehr erfreut über diese Einladung. Endlich sah ich eine Gelegenheit für grundlegende Geschäftsgespräche mit den Chinesen. In großer Eile stellte ich eine ›Sonderdelegation‹ zusammen, zu der nur ich, meine Frau Lucile und der HP-Ingenieur Chin-Ning Liu, der Sohn eines nationalchinesischen Generals, gehörten.

Unser Gastgeber war Ye Zhen-hua, stellvertretender Leiter für Forschung und Entwicklung bei der chinesischen Armee. Aufgrund meiner früheren China-Aufenthalte kannte ich die Betriebe in Peking, die ich mir noch einmal ansehen wollte. Ich gab meinem Gastgeber eine Liste, und in der ersten Woche besichtigten wir die betreffenden Einrichtungen. Ich hatte nicht die geringste Ahnung, ob wir irgendwelche Fortschritte erzielten.

Am Sonntag bekamen wir einen freien Tag. Bei unserem Zusammentreffen am folgenden Tag teilte uns unser Gastgeber mit, daß Wang Zhen, ein stellvertretender Ministerpräsident und Überlebender des Langen Marsches, am Nachmittag im Großen Saal des Volkes einen Empfang für uns geben und am selben Ort auch ein Diner für uns veranstalten würde. Wir machten also doch Fortschritte!

An diesem Abend legten wir unseren Plan für die Woche fest. Lucile wollte nach Xi'an, um die Keramiksoldaten zu sehen, aber leider erhielten wir die Auskunft, Xi'an sei geschlossen. Doch schon am nächsten Tag hieß es: »Wir fahren heute nach Xi'an.«

Während Lucile die Keramiksoldaten besichtigte, arrangierte man für mich zwei sehr interessante Besuche in der Gegend. Am ersten Tag fuhren wir zu einer Fabrik, die Flugabwehrradar herstellte. Die verwendete Technologie stammte aus den fünfziger Jahren und war mir vertraut. Auf einem Gelände hinter der Fabrik, auf dem Tests durchgeführt wurden, durfte ich die Geräte inspizieren. Wir waren die ersten amerikanischen Besucher des Werks, in dem rund 4000 Leute arbeiteten. Es wurde mir schnell klar, daß die von ihnen gebaute Ausrüstung für eine moderne Kriegsführung vollkommen untauglich war. Ich sagte aber nichts und äußerte nur meine Anerkennung für die Qualität der Arbeit.

Am nächsten Tag besuchten wir eine Fabrik zur Herstellung von Turbinen, für die ebenfalls sowjetische Technologie aus den fünfziger Jahren verwendet wurde. Es gab dort einen Prüfstand, mit dem Schub, Treibstoffverbrauch und andere Parameter gemessen wurden.

Auch diesmal machte ich ihnen Komplimente für ihre Arbeit, obwohl sie dem Stand der Technik mindestens fünfundzwanzig Jahre hinterherhinkte. Ich erklärte mich gegenüber meinen Gastgebern bereit, einen Gegenbesuch in den USA zu arrangieren, bei dem sie sich über unsere Arbeiten in verwandten Bereichen kundig machen könnten.

Dann gingen wir zum Abendessen zu Chin-Ning Lius Familie, zu dem auch sein Bruder und dessen Frau kamen. Sein Bruder hatte im Koreakrieg gegen die Vereinigten Staaten gekämpft. Später ließ er sich in Xi'an nieder und wurde Lehrer. Die Familie hatte drei Töchter, von denen die älteste ausgezeichnet Geige spielte und die jüngste Tischtennis-Meisterin des Ortes war. Wir erlebten einen eigens für uns veranstalteten Ping-Pong-Wettbewerb, und während des Abendessens gab es interessante Gespräche über die Entwicklung Chinas seit der Emigration Chin-Ning Lius im Juli 1949.

Wir kehrten nach Peking zurück, und einige Tage vor unserer Abreise unterbreitete man mir das Angebot, ein Joint-Venture mit Hewlett-Packard zu bilden. Ich erklärte mich einverstanden, wollte jedoch wissen, welche Abmachungen dafür gelten würden. Sie erklärten mir, daß ich die Abmachungen selbst festlegen könne. Sie gründeten für die Zusammenarbeit mit uns eine eigene Regierungsabteilung und schickten ein Dutzend Ingenieure und Manager für einen Orientierungsbesuch nach Amerika. Im folgenden Jahr kam mein Gastgeber aus China in die Vereinigten Staaten, während die besagten Ingenieure und Manager uns in Palo Alto besuchten. Zusammen kamen sie auf unsere Ranch in Merced, wo gerade Rinder zusammengetrieben wurden und sie zusehen konnten, wie die Tiere mit Brandzeichen versehen wurden. Lu und ich luden sie in unser Haus in Big Sur bei Monterey ein. Um unserer Pflicht als Gastgeber zu genügen, kamen wir vor unseren Gästen dort an und stellten fest, daß wir keine Eßstäbchen im Haus hatten. Also ging ich hinüber in die Werkstatt und machte ein Dutzend Stäbchen aus Redwood. Als unsere Gäste ankamen, baten sie mich, ihre neuen handgefertigten Stäbchen zu signieren. Ich folgte ihrem Wunsch, und sie nahmen sie als Souvenirs mit in ihre Heimat.

1983 wurde der gesamte Vorstand von Hewlett-Packard zu einer Konferenz nach China eingeladen. Seither erfreut sich unser Unternehmen außerordentlich guter Beziehungen zu China. Die Chinesen konnten von uns die für den Aufbau ihrer noch jungen Elektronikindustrie benötigten Geräte erhalten. HP ist heute in China sehr aktiv: Wir haben mehrere Werke, und wir verkaufen unsere Produkte überwiegend in der Industrieregion an der Ostküste des Landes.

Eine bessere Organisationsstruktur

Unser schnelles Wachstum bis 1956 hatte einige organisatorische Schwächen aufgedeckt. Angesichts anhaltend guter Wachstumschancen hielt ich es für angebracht, das Unternehmen besser zu strukturieren und die Ziele und Verantwortungsbereiche genauer zu definieren. 1957 boten wir mehr als dreihundert verschiedene Produkte an, der Jahresumsatz näherte sich der Grenze von 30 Millionen Dollar, und wir beschäftigten neunzig Ingenieure in der Produktentwicklung. Es war an der Zeit, diese Ingenieure in kleineren, effizienteren Gruppen zu organisieren. Zu diesem Zweck bildeten wir vier Gruppen, die sich jeweils mit einer Familie ähnlicher Produkte befaßten. Die Leiter der Gruppen berichteten Dr. Barney Oliver, unserem alten Freund aus Stanford, den wir 1952 von Bell Labs abgeworben hatten. Er wurde zum Leiter der Abteilung Forschung und Entwicklung ernannt.

Eine der neuen Divisionen konzentrierte sich auf Frequenzzähler und verwandte Geräte, eine andere auf Mikrowellenmeßgeräte, die dritte auf Ton- und Videoprodukte und die vierte schließlich auf Oszilloskope.

Eine kleine Geschichte gibt Aufschluß über unsere Arbeit mit Oszilloskopen. Während des Krieges hatte Bill Hewlett einen talentierten jungen Ingenieur namens Howard Vollum kennengelernt. Die Begegnung beeindruckte ihn so stark, daß er mich drängte, mit Vollum zu sprechen. Damals war Bill immer noch bei der Army. Ich vereinbarte also ein Treffen mit Vollum, und wir unterhielten uns sehr lange. Er erzählte mir von seinem starken Interesse an der Entwicklung einer neuen Art von Oszilloskop. Er wollte ein Oszilloskop mit getriggerter Ablenkung bauen, ein Konzept aus der Radartechnologie.

Während unseres Gesprächs wurde uns beiden klar, daß Vollum eigentlich nicht zu HP kommen, sondern sein eigenes Unternehmen gründen wollte. Bei diesem Vorhaben unterstützten wir ihn nach Kräften. Wir brachten ihn mit Norm Neely und vielen anderen unserer Vertriebsfirmen aus dem ganzen Land zusammen. So entstand Tektronix, das Unternehmen mit Sitz in Oregon, das zum führenden Oszilloskophersteller der ganzen Welt werden sollte.

Im Lauf der Zeit zeigte sich dann allerdings, daß wir ein

Das komplette Angebot von Hewlett-Packard im Jahre 1959 umfaßte 380 Produkte.

eigenes Oszilloskop brauchten, wenn wir eine vollständige Palette von elektronischen Meßgeräten anbieten wollten. Daher bauten wir 1956 ein Oszilloskop, das Modell 150, das nach unserer Vorstellung eine Herausforderung für Tektronix darstellen sollte. Doch dieses Modell erwies sich als sehr unzuverlässig, und wir bemühten uns natürlich, es zu verbessern. Aus heutiger Sicht hätten wir schon viel früher auf den Oszilloskopmarkt drängen müssen. Denn als wir eine Serie von funktionstüchtigen und hochwertigen Oszilloskopen herausbrachten, hatte Tektronix bereits eine solch starke Position, daß wir in den nächsten Jahren nur einen Marktanteil von 15 Prozent gewinnen konnten. Einige Jahre später entwickelten wir dann ein computergesteuertes Oszilloskopsystem, mit dem wir schließlich eine beherrschende Marktposition erreichten.

Doch noch einmal zurück zur Umstrukturierung unserer Produktentwicklung. Es gab noch einen Grund für diese Aufspaltung in Divisionen: Jetzt konnten sich nämlich die Ingenieure in den jeweiligen Divisonen ausschließlich auf ihre

Produkte konzentrieren und sich, zusammen mit den Verkäufern, besser nach den Wünschen und Bedürfnissen der Kunden richten.

Die Konferenz in Sonoma

Ein anderes bedeutendes Ereignis im Frühjahr 1957 war die erste Konferenz der Firmenspitze von HP, die außer Haus stattfand. Es war ein zweitägiges Treffen in Sonoma, ungefähr 70 Meilen nördlich von San Francisco, an dem ungefähr zwanzig Leute teilnahmen.

Bill Hewlett und ich hatten dieses Treffen aus mindestens drei Gründen anberaumt. Erstens hielten wir es für eine gute Idee, die obersten Führungskräfte wenigstens einmal im Jahr zu einem Meinungsaustausch sowie zur Besprechung von Grundsätzen, Problemen und Zukunftsplänen zusammenzuführen. Zweitens beschäftigte das Unternehmen inzwischen mehr als 1200 Mitarbeiter, so daß es für Bill und mich immer schwerer wurde, alle Leute gut zu kennen und die Übersicht zu behalten. Um so stärker war uns daran gelegen, die Atmosphäre eines kleinen Unternehmens zu bewahren und unsere Topmanager über Führungsstil und Ziele auf dem laufenden zu halten.

Der dritte Grund für das Treffen war eine Reihe von Zielen für das Unternehmen, die ich in Absprache mit Bill formuliert hatte und der Gruppe erläutern wollte. Bill und ich hatten schon viel darüber nachgedacht, wie man ein Unternehmen wie das unsere am besten organisieren und leiten sollte. Wir meinten, wenn alle über die Unternehmensziele einig sind und verstehen, was wir erreichen wollen, können wir sie selbstständig arbeiten lassen und sicher sein, daß sie in eine gemeinsame Richtung marschieren.

Ein Großteil der Tagung in Sonoma war der Erörterung und kritischen Betrachtung der vorgeschlagenen Ziele vorbehalten. Nach unserer Überzeugung durften wir nur dann davon ausgehen, daß sich Manager und Vorgesetzte an den Leitlinien orientieren, wenn sie auch an ihrer Ausarbeitung beteiligt waren. Daneben wiesen wir auch darauf hin, daß die Ziele von Zeit zu Zeit überprüft und im Bedarfsfall im Hinblick auf das zukünftige Wohl des Unternehmens modifiziert werden sollten.

Ursprünglich gab es sechs Ziele. Im Lauf der Zeit definierten wir sie teilweise neu, da wir durch Erfahrungen und veränderte Bedingungen dazu veranlaßt wurden. Die zweite, 1966 veröffentlichte Fassung der Ziele lautete folgendermaßen:

1. **Gewinn.** Anerkennen, daß Gewinn der beste Maßstab für unseren Beitrag zur Gesellschaft und die eigentliche Quelle der Leistungsfähigkeit des Unternehmens ist. Wir sollten uns bemühen, den im Rahmen unserer anderen Ziele möglichen, maximalen Gewinn zu erzielen.
2. **Kunden.** Nach ständigen Verbesserungen in der Qualität, dem Nutzen und dem Wert der Produkte und Dienstleistungen streben, die wir unseren Kunden anbieten.
3. **Betätigungsfeld.** Unsere Anstrengungen konzentrieren; einerseits sollten wir ständig nach neuen Aufgabenfeldern suchen, doch andererseits sollten wir uns auf Bereiche beschränken, auf die wir uns verstehen und in denen wir einen Beitrag leisten können.
4. **Wachstum.** Wachstum als Maßstab für Stärke und als Notwendigkeit fürs Überleben betonen.
5. **Mitarbeiter.** Den Mitarbeitern von HP Gelegenheit geben, an dem von ihnen erarbeiteten Unternehmenserfolg teilzuhaben. Leistungsbezogene Arbeitsplatzsicherheit und die Chance zu persönlicher Zufriedenheit bieten, die aus dem Stolz auf das Erreichte erwächst.
6. **Organisation.** Ein organisatorisches Umfeld bieten, das individuelle Motivation, Initiative und Kreativität fördert sowie großen Spielraum für das Erreichen festgelegter Ziele und Vorgaben bietet.

7. **Gemeinwesen.** Die Verpflichtung gegenüber dem Gemeinwesen durch Beiträge für die Gemeinschaft und für diejenigen Einrichtungen unserer Gesellschaft erfüllen, die die Umgebung schaffen, in der wir arbeiten.

Jedes dieser Ziele wurde von einem Text begleitet, der erklärte, warum wir dieses Ziel gewählt hatten, und detailliert auf seine Entwicklung und Bedeutung einging. Ich möchte den gesamten Text hier nicht wiedergeben, werde mich jedoch darauf beziehen, wenn ich später im Zusammenhang mit dem sogenannten ›HP-Way‹ noch einmal auf die Ziele zu sprechen komme.

Jede Organisation, jede Gruppe von Menschen, die eine Zeitlang zusammengearbeitet hat, entwickelt eine Philosophie, ein Wertesystem, eine Reihe von Traditionen und Gebräuchen. Diese sind in ihrer Gesamtheit einzigartig und nur in dieser Organisation vorhanden. Auch Hewlett-Packard ist hier keine Ausnahme. Wir haben ein System von Werten, von tief verankerten Überzeugungen, die uns bei der Einhaltung unserer Ziele, bei der Zusammenarbeit und beim Umgang mit Kunden, Aktionären und anderen leiten. Unsere Unternehmensziele beruhen auf diesen Werten. Die Ziele dienen täglich als Leitfaden für die Entscheidungsfindung. Um unsere Ziele zu verwirklichen, verwenden wir verschiedene Pläne und Verfahren. Die Kombination dieser Elemente – unsere Werte, Unternehmensziele, Pläne und Verfahren – stellt den ›HP-Way‹ dar, von dem in den nächsten Kapiteln die Rede sein soll.

Kapitel 6

Wachstum durch Gewinn

Wie bei anderen Firmen auch, stellen bei Hewlett-Packard die Grundelemente Mitarbeiter, Materialien, Anlagen, Finanzen und die Zeit die Basis dar, die dem Unternehmen zur Verfügung steht. Durch Anwendung unserer Fähigkeiten machen wir aus diesen Grundelementen nützliche Produkte und Dienstleistungen. Wenn wir gute Arbeit leisten, bezahlen die Kunden mehr für die Produkte, als die Summe unserer Kosten für Produktion und Vertrieb ausmacht. Dieser Unterschied, unser Gewinn, stellt den Wert dar, den wir erarbeitet haben.

Kein Unternehmen kann sich lange halten, ohne Gewinn zu machen. Das heißt also, wenn ein Unternehmen irgendeines seiner weiteren Ziele erreichen möchte, muß es einen Gewinn erzielen. Unsere Fähigkeiten, die Kunden zufriedenzustellen, Forschung und Entwicklung zu finanzieren, gute Arbeitsbedingungen zu schaffen und einen Beitrag zur Gemeinschaft zu leisten, in der wir tätig sind, hängen alle direkt davon ab, ob wir einen angemessenen Gewinn machen können. Der Gewinn aus unserer Geschäftstätigkeit ist somit die eigentliche Quelle für die Mittel, die wir zum Wachsen und Gedeihen brauchen. Er ist die Grundlage für Wachstum und Arbeitsplatzsicherheit.

Der von einzelnen Produkten zu erwartende Gewinn ist abhängig von der Wettbewerbssituation, dem besonderen Wert des Produkts und dem für seine Produktion erforderlichen Kapitaleinsatz. Daher kann man nicht bei allen Produkten und Divisionen mit einer gleich hohen Rendite rechnen.

Vor sechzig Jahren steckten die Vereinigten Staaten tief in

der großen Depression. Tausende von Firmen mußten dichtmachen, und jeder Dritte auf dem Arbeitsmarkt war arbeitslos. Bill Hewlett und ich sind während der Depression aufgewachsen. Wir haben ihre verheerenden Auswirkungen auf die Menschen, auf Familien und Freunde, die uns nahestanden, selbst miterlebt.

Mein Vater war zu einem Konkursverwalter im Staat Colorado ernannt worden. Als ich in den dreißiger Jahren im Sommer nach Pueblo zurückkehrte, half ich meinem Vater oft bei der Durchsicht der Geschäftsunterlagen von Unternehmen, die Konkurs angemeldet hatten. Dabei stellte ich fest, daß die Banken bei Firmen, die ihre Vermögenswerte mit Hypotheken belastet hatten, einfach die Zwangsvollstreckung betrieben, so daß diese Firmen schließlich nackt dastanden. Auch Unternehmen, die keine Kredite aufnahmen, machten schwere Zeiten durch, behielten aber ihre Anlagen und konnten sich in den Jahren der Depression über Wasser halten.

Aufgrund dieser Erfahrungen kamen Bill und ich zu dem Entschluß, langfristige Schulden in unserem Unternehmen auf jeden Fall zu vermeiden. Wir entschieden uns für eine ›selbstfinanzierte‹ Entwicklung und beschlossen, unser Wachstum nicht mit Darlehen, sondern durch Erträge zu finanzieren. Daß dies möglich war, sahen wir am Beispiel von General Radio. Dieses von uns hochgeschätzte Unternehmen war bereits seit mehreren Jahren im Geschäft, verzeichnete große Erfolge und hatte nie eine Finanzierung durch Dritte benötigt. Warum sollte es also bei uns nicht funktionieren? Und es hat dann ja auch geklappt, mehr als ein halbes Jahrhundert lang.

Ich weiß, daß in manchen Branchen große Kapitalinvestitionen erforderlich sind und eine Selbstfinanzierung dort einfach nicht machbar ist. Ich bin mir auch darüber im klaren, daß es inzwischen Mode geworden ist, Kapitallücken über die Finanzierung durch Aktien und langfristige Kredite zu schließen. Die Befürworter dieses Ansatzes behaupten, daß man auf diese Weise seine Erträge besser nutzen kann. Das mag alles richtig sein, doch bei HP gilt nach wie vor der eherne Grundsatz der Finanzierung durch Eigengewinne ohne Aufnahme größerer Kredite.

Bei Hewlett-Packard wurde von Anfang an der Großteil der Gewinne reinvestiert. Im Hinblick auf die Finanzierung unseres Wachstums haben wir uns stets auf diese Reinvestitionen, auf Mittel aus Aktienverkäufen an Mitarbeiter und auf andere Maßnahmen verlassen. Das Aktienkaufprogramm ermöglicht es Mitarbeitern, einen bestimmten Prozentsatz ihres Gehalts für den Kauf von HP-Aktien zum Vorzugspreis zu verwenden. Der Plan ist seit 1959 in Kraft und hat uns beträchtliche Mittel eingebracht.

Bei der Einführung des Aktienkaufprogramms begingen wir allerdings einen wesentlichen Fehler: Wir versäumten es, den Kauf von HP-Aktien zum Vorzugspreis mit der Bedingung zu verknüpfen, diese zu behalten. Es gibt ein altes Sprichwort über Löhne und Gehälter: Sie können noch so hoch sein, der Mitarbeiter meint immer, er brauche 10 Prozent mehr. Wir mußten feststellen, daß viele unserer Mitarbeiter, die die Aktien zum Vorzugspreis erwarben, diese sofort verkauften. Selbst hochrangige Mitarbeiter hatten Daueraufträge zum Weiterverkauf eben erworbener Aktien laufen.

Inzwischen ist dieser Fehler behoben. Es ist vielleicht eine Ironie des Schicksals, daß viele unserer Mitarbeiter, die ihre Aktien erst nach ihrer Pensionierung verkauften, Gewinne von einer Million Dollar und mehr erzielten.

Eine harte Probe

Unsere Politik der Selbstfinanzierung erfordert nicht nur einen vernünftigen Gewinn, sondern auch ein gutes Management des Betriebsvermögens. In den frühen siebziger Jahren wurde diese Politik auf eine schwere Probe gestellt. Nach einer weltweiten Rezession und einer Periode langsamen Wachstums zeigte die Konjunktur deutliche Zeichen von Erholung. Angesichts begrenzter Finanzen zogen wir ernsthaft einen langfristigen Kredit von bis zu 100 Millionen Dollar in Erwägung. Wir hatten die Preise für einige unserer Produkte zu niedrig festgesetzt, unsere Lager waren voll, die Außenstände hatten ein beängstigendes Niveau erreicht, und wir hatten bei der Kostenkontrolle versagt. Aber ich war davon überzeugt, daß wir das Problem durch größere Selbstdisziplin in den Griff bekommen konnten. Ich stattete fast jeder unserer größeren Divisionen einen Besuch ab und sprach mit einer Unzahl von Managern, ohne ein Blatt vor den Mund zu nehmen. Ein Manager bezeichnete dies später als ›Daves Levitenlesung‹. Aber die Reaktion gab mir recht. Unsere Manager legten sich voll ins Zeug. Die Lager wurden geräumt, offene Forderungen geltend gemacht, die Kosten besser kontrolliert. Das gesamte Team arbeitete an dem Problem, und die Firma ging gestärkt aus dieser Erfahrung hervor. Und am Ende steuerten wir auf eine neue Wachstumsära mit starken Gewinnen zu, ohne langfristige Kredite in Anspruch genommen zu haben.

Bei der Analyse unserer Außenstände fanden wir eine große Schwäche: Viele unserer Kunden kauften Produkte bei verschiedenen HP-Quellen, um sie zu einem System zusammenzubauen. Die Bezahlung der einzelnen Produkte erfolgte jedoch erst, wenn das letzte Teil geliefert war.

Wir gaben dieses Procedere auf und gingen dazu über, das System vor seiner Auslieferung selbst zusammenzustellen und zu überprüfen. Dies gab den internen Lieferanten den Anreiz, die Fertigung von Produkten zu beschleunigen. Darüber hinaus war gewährleistet, daß das System richtig funktionierte. Damit war zumindest ein Teil des Problems mit den Außenständen gelöst.

Eine positive Lehre aus dieser Episode war die deutliche Mahnung, daß die Selbstfinanzierung konstante Wachsamkeit und Selbstdisziplin erfordert.

Verantwortung gegenüber Aktionären

Ein entscheidendes Element des ›HP-Way‹ betrifft die Beziehung des Unternehmens zu seinen Aktionären und Investoren. Ein Hauptziel in diesem Zusammenhang ist die Konsistenz unserer Unternehmenstätigkeit, zu der auch ein kontinuierliches Wachstum des Ertrags und des Eigenkapitals gehört. Natürlich ist dies selbst für das beste Unternehmen nicht immer möglich, doch über die Jahre gesehen hat Hewlett-Packard ein gutes Bild abgegeben.

Stammaktien von Hewlett-Packard gibt es seit 1947, als wir unsere ursprüngliche Personengesellschaft als Aktiengesellschaft eintragen ließen. Um die Eigentümerbasis zu verbreitern, boten Bill und ich zehn Jahre später 10 Prozent der 3 Millionen Aktien zum Verkauf an. Im gleichen Jahr vergab das Unternehmen 60 000 neue Aktien als Prämien an Mitarbeiter und bot diesen darüber hinaus das Bezugsrecht auf weitere 50 000 Aktien. Zu dieser Zeit begann der freie Handel mit Aktien.

1959 trat unser Aktienkaufprogramm für Mitarbeiter in Kraft. Die Teilnahme der Mitarbeiter war sehr rege, und das Programm besitzt in seinen Grundzügen auch heute noch Gültigkeit. 1961 wurden die Aktien von Hewlett-Packard gleichzeitig an der New Yorker und der Pazifik-Börse eingeführt. In jüngeren Jahren wurden sie darüber hinaus auch in allen wichtigen Börsen der ganzen Welt eingeführt.

Mit dem Gang an die Börse im Jahre 1957 hatten wir vor allem zwei Ziele verfolgt; zum einen sollte die Eignerbasis des Unternehmens vergrößert werden, besonders durch die Mitarbeiterbeteiligung. Zum anderen wollten wir Aktien zur Verfügung haben für den Fall der Übernahme anderer Firmen. Die Übernahme eines Unternehmens durch Aktienaustausch ist oft viel praktischer als ein direkter Aufkauf. Und tatsächlich haben wir in den sechziger Jahren eine Reihe von Firmen durch Aktienaustausch hinzugewonnen.

Der Tag unserer Einführung an der New Yorker Börse be-

Einführung der HP-Aktien an der New Yorker Börse am 17. März 1961 (von links nach rechts): Dave Packard, Keith Funston, Präsident der New Yorker Börse, und Mortimer Marcus, ein Börsenmakler.

gann nicht gerade verheißungsvoll. Einige von uns flogen am Tag vorher nach New York und übernachteten im Essex House. Früh am nächsten Morgen brachen wir zur Wall Street auf. Ich kam gar nicht auf die Idee, ein Taxi zu nehmen. Statt dessen fuhren wir mit einer U-Bahn Richtung Innenstadt. Leider bin ich nicht der geborene U-Bahn-Experte; nach vielem Hin und Her, stiegen wir am Times Square in die falsche Linie um. So kamen wir schließlich mit ein paar Minuten Verspätung in der Wall Street an und wurden sofort in ein riesiges Eckbüro geführt, in dem uns Keith Funston, der Vorstand der Börse, begrüßte. Er lachte, als ich ihm erklärte, wir hätten uns mit der U-Bahn verfahren. Wahrscheinlich konnte er es einfach nicht fassen, daß wir zu einem solch wichtigen Ereignis mit der U-Bahn kamen.

Unsere Informationspolitik gegenüber Aktionären und Investoren spiegelte von Anfang an unsere Geschäftsphilosophie und den ›HP-Way‹ wider. Wir haben uns um Direktheit und Offenheit bemüht und Ereignisse oder Entwicklungen mit realen oder potentiellen Auswirkungen auf den Preis der HP-Aktien stets umgehend und ohne Einschränkungen bekanntgegeben.

Kurzfristiges Denken an der Wall Street

Viel ist schon über die offensichtliche Fixiertheit der Wall Street auf Quartalsgewinne gesagt und geschrieben worden. Und tatsächlich hat die Orientierung an kurzfristigen Resultaten eine große Wirkung auf den Preis. Doch oft besteht überhaupt kein Zusammenhang zwischen dieser Auswirkung und den langfristigen Aussichten eines Unternehmens.

Es ist immer möglich, durch Reduzierung der Investitionen für die Entwicklung neuer Produkte, für Kundendienst oder für neue Gebäude und Anlagen die Gewinne innerhalb eines gewissen Zeitraums zu steigern. Doch auf lange Sicht bezahlt man für Versäumnisse auf diesen Gebieten einen hohen Preis. Eine der wichtigsten Aufgaben unseres Managements besteht darin, das Gleichgewicht zwischen den Erträgen bezogen auf kurze Zeiträume und den Investitionen für zukünftiges Wachstum zu bewahren.

Gute neue Produkte sind die Lebensgrundlage jedes technischen Unternehmens und natürlich auch von Hewlett-Packard, auch wenn sich unsere Produktpalette von Jahr zu Jahr erweitert. Große Anstrengungen in der Forschung und Entwicklung waren immer die Voraussetzung für Produkteinführungen bei HP. Im Lauf der Jahre betrugen die Kosten für F&E stets zwischen 8 und 10 Prozent des Umsatzes und haben in jüngerer Zeit sogar die 10-Prozent-Marke überschritten. Beim Anstreben von Gewinnzielen behalten wir immer auch das langfristige Wachstum und die Bedeutung für das gesamte Unternehmen im Auge.

Die Preisgestaltung für neue Produkte erfordert viel Geschick und Fingerspitzengefühl. Oft wird ein Produkt zu einem so niedrigen Preis eingeführt, daß man damit keine ausreichenden kurzfristigen Gewinne erzielen kann. Dahinter verbirgt sich die Erwartung, daß sich die Erträge durch allmähliche Kostensenkungen ›später‹ verbessern werden – im nächsten Monat, Quartal oder Jahr. Aber dieses ›später‹ kommt nur selten.

Oft wird der Preis auch dem Streben nach Marktanteilen geopfert. Viele amerikanische Manager sind besessen von der Idee, größere Marktanteile zu gewinnen, und unterbieten deshalb oft die Preise der Konkurrenz. Das kann kurzfristig zu beeindruckenden Umsatzzahlen führen mit der Folge, daß kein Gewinn gemacht wird.

1972 führten wir ein Produkt ein, das den Rechnermarkt revolutionierte. Es war das Modell 35, der erste ›elektronische Rechenschieber‹ der Welt. Wir setzten dafür einen Preis von 395 Dollar fest, was vielen hoch und einigen völlig übertrieben erschien. Aber der Taschenrechner stellte einen solch einmaligen Wert dar, daß wir nach der Einführung mit der Produktion nicht nachkamen. Schon wenige Monate später traten aggressive Konkurrenten auf den Plan, die Taschenrechner zu wesentlich niedrigeren Preisen anboten. Sie gaben unumwunden zu, daß sie uns Marktanteile abjagen wollten – und das gelang ihnen auch. Doch langfristig machten wir mit dem Produkt Gewinne, weil wir unsere Kosten niedrig hielten.

Wir betrachteten eine Erhöhung der Marktanteile als Belohnung für gute Leistungen – für hervorragende Produkte und für Kostendisziplin. Diese Auffassung war von Anfang an ein wichtiger Grundsatz von Hewlett-Packard, und daran wird sich wohl auch in Zukunft nichts ändern.

Kapitel 7

VERPFLICHTUNG ZUR INNOVATION

Als Bill Hewlett und ich 1937 die ursprünglichen Pläne für unsere Firma machten, richteten sich unser Interesse und unsere Energie noch nicht ausschließlich auf die elektronische Meßtechnik. Wir hatten jedoch eine sehr genaue Vorstellung davon, in welche Richtung wir gehen wollten: nämlich wesentliche technische Beiträge zur Förderung der Wissenschaft, der Industrie und des menschlichen Wohlergehens zu leisten. Das waren ehrgeizige und hochfliegende Ziele. Aber Bill und mir war von Anfang an klar, daß wir kein Mitläuferunternehmen wie viele andere führen wollten, das nur vorhandene Produkte kopiert. Bis auf den heutigen Tag strebt HP kontinuierlich nach der Entwicklung von Produkten, die einen wirklichen Fortschritt darstellen.

Die ersten Produkte von Hewlett-Packard waren elektronische Meßinstrumente. Mit dem Wachstum des Unternehmens vergrößerte sich die Produktvielfalt und erweiterten sich auch unsere Interessengebiete. In der Phase nach dem zweiten Weltkrieg bemühten wir uns sehr um die Entwicklung besserer Geräte. Wir hatten erkannt, daß ein erfolgreiches neues Produkt auch neue Technologie verwenden und die Kundenbedürfnisse erfüllen mußte. Erst die Kombination aus beidem macht das Instrument zu einem überlebensfähigen Produkt. Von Zeit zu Zeit ergab sich die Gelegenheit zur Entwicklung technologisch neuer Produkte für Bereiche, in denen wir keine Markterfahrung hatten. Diese wurden an Firmen verkauft, die über die nötige Kompetenz verfügten.

1949 veröffentlichten wir zum ersten Mal das *HP Journal.* Es folgte dem Vorbild des *Experimentor* der General Radio

Company. Dort beschrieben wir die in wichtigen neuen Produkten verwendete Technologie. Zwar waren diese Informationen auch für unsere Konkurrenten nützlich, aber es überwogen nach unserer Überzeugung doch die Vorteile gegenüber den Nachteilen. Das *HP Journal* kam monatlich heraus, und oft wurden eine neue Entwicklung und ihre Anwendungsmöglichkeiten über mehrere Nummern hinweg beschrieben. Ich kann hier nicht jede Entwicklung vorstellen, möchte jedoch einige der wichtigeren kurz skizzieren.

Lange Zeit arbeiteten wir an Quarzfrequenzstandards. Im Zuge dieser Projekte erfuhren wir von dem Wissenschaftler Don Hammond in Colorado, der auf diesem Gebiet Hervorragendes vollbrachte. Auf unser Drängen kam er zu Hewlett-Packard und entwickelte eine Reihe neuartiger Geräte, die Quarze verwendeten. Eines davon war ein Quarzthermometer, das Temperaturen mit einer Auflösung von 0,0001 Grad Celsius messen konnte. Es kann ohne Einschränkung der Genauigkeit in einigem Abstand von der Digitalanzeige eingesetzt werden und verfügt noch über weitere Anwendungsmöglichkeiten, die kein anderes Thermometer bietet.

Für einen weiteren technologischen Durchbruch sorgte unser Laser-Interferometer. Er verwendet einen Doppelfrequenz-Laser und kann bis zu einem Millionstel Zoll genaue Messungen vornehmen. Das Gerät ist ideal zum Messen der Genauigkeit von Werkzeugen und kann auch noch Entfernungen von rund 60 Meter messen. An der Entwicklung des Interferometers waren viele unserer Ingenieure unter der Führung von Len Cutler und Al Bagley beteiligt: Joe Rando, John Dukes, Gary Gordon, Andre Rude, Kenneth Wayne, Richard Baldwin, Glenn Brugwald, William Kruger und viele andere. Im August 1970 wurde es im *HP Journal* vorgestellt, und wir sind nach wie vor der erfolgreichste Anbieter dieses Gerätes.

Einer unserer wichtigsten Beiträge zur Technologieentwicklung sind Leuchtdioden. Dafür waren sechsjährige Forschungen und Entwicklungen mit lichtemittierenden Materialien notwendig. Hilfreich für dieses Projekt war auch unsere Arbeit im Bereich der Halbleitertechnologie und integrierten Schaltungen. Schon in den frühen sechziger Jahren waren Leuchtdioden einsatzbereit, aber keine unserer Divisionen wollte sie verwenden. Dennoch entschieden wir uns für eine Fortsetzung der Arbeiten. Diese Dioden ermöglichten schließlich den Taschenrechner und wurden als Anzeigen in sehr vielen anderen Geräten eingesetzt. Howard Borden und Gerald Pighini haben diese Entwicklung in den späten sechziger Jahren im *HP Journal* beschrieben. Neuere LED-Anwendungen gehen weit über das hinaus, was man sich damals vorstellen konnte. Wir setzten unsere Arbeit an der Entwicklung lichtemittierender Materialien fort, und unser neuester Beitrag ist die hellste Leuchtdiode der Welt. Diese wird in Rück- und Blinklichtern von Autos zum Einsatz kommen: zum ersten Mal beim Thunderbirdmodell 1995. Die Vorteile dieser Leuchtdiode gegenüber der herkömmlichen Glühlampe liegen auf der Hand: Sie hat eine wesentlich höhere Lebensdauer und verbraucht viel weniger Energie; ihre Verwendung wird die Fahrleistung eines Autos um fast einen halben Kilometer pro Liter steigern und sich somit schnell amortisieren. In kurzer Zeit dürfte diese Leuchtdiode in allen Autos weltweit Verwendung finden.

Der Schlüssel für einen möglichen Einstieg von HP in ein Interessengebiet heißt *Beitrag.* Unser Ziel ist es, nur dann zu diversifizieren und zu expandieren, wenn wir auf vorhandene Stärken aufbauen können und sicher sind, daß wir die entsprechenden Fähigkeiten besitzen, einen Beitrag zu leisten. Um dieses Ziel zu erreichen, müssen wir besonders großes Gewicht auf unser Entwicklungsprogramm legen. Das heißt, wir müssen ständig nach Ideen für neue und bessere Produkte suchen.

Die kontinuierliche Einführung guter neuer Produkte ist Voraussetzung und entscheidend für das Wachstum von Hewlett-Packard. Schon früh haben wir deshalb ein System zur Messung des Erfolgs neuer Produkte eingeführt. Dieses System vergleicht die Auftragseingänge auf der Basis des Jahres der Produkteinführung (siehe Anhang 3).

Nach der Ausweitung unserer Computergeschäfte lieferte unser Meßsystem in den siebziger und achtziger Jahren ein unerwartetes Ergebnis. Unsere längst eingeführten Computer verkauften sich auch nach längerer Zeit immer noch sehr gut, weil Neuentwicklungen überwiegend Software betrafen. Neue Software gab unseren Computersystemen eine Lebensdauer von mehreren Jahrzehnten. Unsere Kunden konnten sich also auf eine lange Nutzungsdauer der HP-Computer verlassen. Unsere dezentralen Systeme konnten in einem Markt Fuß fassen, der vorher von den Großrechnern von IBM und DEC beherrscht worden war.

Bei HP, wie bei anderen technischen Unternehmen auch, herrscht kein Mangel an Ideen. Das eigentlich Schwierige besteht darin, diejenigen auszusuchen, die aller Wahrscheinlichkeit nach einem *echten Bedarf* im Markt entsprechen.

Um die Realisierung einer Idee in Erwägung zu ziehen, sollte das geplante Produkt richtig funktionieren und einen Markt haben. Doch bei weitem nicht alle Ideen, die sich auf sinnvolle mögliche Produkte beziehen, sind auch brauchbar. Eine sinnvolle Erfindung muß nicht nur einen Bedarf erfüllen, sondern auch eine wirtschaftliche und effiziente Lösung darstellen.

Als Hewlett-Packard noch hauptsächlich Test- und Meßinstrumente für Ingenieure herstellte, benutzten wir eine eigene Methode, um festzustellen, welche innovativen Geräte bei den Kunden gebraucht wurden. Wir nannten es das ›Nächste-Bank-System‹: Wenn die Idee für das neue Gerät auch dem HP-Mitarbeiter an der nächsten Werkbank gefiel, dann durfte man auch mit einer positiven Kundenreaktion rechnen. Bei der Expansion unseres Unternehmens halfen uns besonders Anregungen von nicht technisch orientierten Kunden bei der Entscheidung über neue Produktideen. Dabei suchten wir immer eine Antwort auf zwei Fragen:

»Wie können wir ausgehend von unseren Stärken und unserem Wissen einen Beitrag leisten?« und »Wer braucht es?«

Kein Unternehmen verfügt über unbegrenzte Mittel, so daß alles davon abhängt, die vorhandenen Ressourcen für die Projekte mit den größten Erfolgschancen zu verwenden. Bei HP haben wir die Projektauswahl oft anhand einer Sechs-zu-eins-Rechnung getroffen. Der über die gesamte Lebensdauer eines Produkts zu erwartende Gewinn sollte zumindest sechsmal so hoch sein wie die Kosten für die Produktentwicklung. Und fast ohne Ausnahme waren die Produkte, die das Verhältnis sechs zu eins sogar weit übertrafen, die innovativsten.

Das Institute of Radio Engineers (IRE), der amerikanische Verband für Rundfunktechniker, traf sich jedes Jahr im Frühling in New York. Teil der Tagung war eine Ausstellung von rundfunktechnischen Geräten verschiedener Hersteller. Zum ersten Mal nahm ich 1940 an einer IRE-Veranstaltung teil. Ich wohnte bei Freunden, um die Kosten möglichst niedrig zu halten. Die Geräteausstellung in diesem Jahr fand im Ballsaal des Hotels Commodore statt. Auf einem ca. 1,20 x 2,40 Meter großen Tisch stellte ich die Geräte von Hewlett-Packard aus. Seither ist die IRE-Veranstaltung stark gewachsen, und bis 1969, als ich zum stellvertretenden Verteidigungsminister der USA ernannt wurde, nahm ich jedes Jahr daran teil. Schon einige Jahre zuvor hatte sich die Mitgliederzahl des IRE erweitert, und die Gesellschaft wurde in Institute of Electrical and Electronics Engineers umbenannt, heute unter dem Kürzel IEEE bekannt.

In den Anfangsjahren fuhren wir im Zug zu dieser Tagung in New York. Von San Francisco aus nahmen wir den Zug am Freitagnachmittag, der Sonntagmorgen in Chicago ankam. Dort fuhren wir mit dem Nachmittagszug weiter, der am Montagmorgen in New York eintraf. Auf dem Rückweg verbrachten wir oft ein oder zwei Tage in Chicago bei unserem Vertreter Al Crossley. Er war ein echter Gentleman, und besonders amüsierte mich bei diesen Besuchen immer, daß alles, was er uns in Chicago zeigte, ›das Größte auf der ganzen Welt‹ war.

Die Veranstaltung in New York dauerte drei oder vier Tage. In dieser Zeit versuchten die Aussteller, möglichst viele Interessenten und Kunden anzulocken, denen sie ihre neuen Produkte vorführen konnten. Wir legten immer Wert darauf, uns die Produkte der Konkurrenz anzusehen. Die Tage waren lang, und nach dem Abendessen entspannten wir uns oft bei Dixielandmusik in Greenwich Village

Im Lauf der Zeit wuchs die Veranstaltung immer mehr und lockte Tausende von Besuchern an. Für uns wurde sie zum Ziel unserer Anstrengungen in der Entwicklung. Jahr für Jahr stieg der Druck, für die IRE neue Produkte bereit zu haben, und hin und wieder nahmen wir sogar Geräte nach New York mit, die noch nicht ganz serienreif waren. In solchen Fällen verbrachten wir manchmal einen ganzen Abend lang im Hotel, um sicherzustellen, daß die Geräte am nächsten Tag ordentlich funktionierten.

Laborleiter stehen vor einer echten Herausforderung, wenn ihnen ein begeisterter Erfinder eine kreative und innovative Produktidee präsentiert, die nach sorgfältiger und objektiver Analyse durch andere abgelehnt wird. Wie können Laborleiter den Erfinder ermutigen und ihm helfen, trotz dieser Enttäuschung seinen Enthusiasmus zu bewahren?

Viele HP-Manager haben im Lauf der Jahre Bewunderung geäußert über die Art und Weise, wie Bill Hewlett solche Situationen meisterte. Ein Manager hat sein Vorgehen einmal als ›die drei Hüte von Bill‹ bezeichnet. Wenn ihm ein Erfinder zum ersten Mal mit Feuereifer von einer neuen Idee erzählte, setzte Bill den Hut der ›Begeisterung‹ auf. Er hörte zu, zeigte Anerkennung und Interesse und stellte ein paar vorsichtige, nicht zu spezifische Fragen. Einige Tage später trug Bill den Hut der ›Befragung‹. Jetzt war die Zeit gekommen für sehr genaue Fragen, für ein gründliches Sondieren der Idee, für einen ausführlichen Dialog. Dann wurde das Gespräch ohne abschließende Entscheidung vertagt. Kurz

Hewlett-Packard führt bei der IEEE-Ausstellung 1967 in New York seinen ersten Computer vor.

darauf trug Bill den Hut der ›Entscheidung‹. Mit logischer Begründung und Einfühlungsvermögen formulierte er seine Beurteilung der Idee und teilte dem Erfinder seine Entscheidung mit. Auch wenn diese gegen das Projekt ausfiel, bot dieses Vorgehen dem Erfinder eine gewisse Befriedigung – die seine Begeisterung und Kreativität wesentlich stützten.

Eintritt ins Computer-Zeitalter

1994 betrug der Umsatz von Hewlett-Packard im Bereich Computerprodukte, Dienstleistungen und Kundenunterstützung fast 20 Milliarden Dollar – rund 78 Prozent des Gesamtumsatzes. 1964 dagegen belief sich unser Gesamtumsatz auf 125 Millionen Dollar und wurde ausschließlich durch den Verkauf von Meßgeräten erzielt. Nicht ein Cent stammte aus dem Verkauf von Computern.

Diese Zahlen belegen einen erstaunlichen Wandel unseres Unternehmens und seiner Geschäftstätigkeit. Es wäre schön, wenn wir guten Gewissens sagen könnten, daß wir die weitreichenden Auswirkungen der Computer auf unser Geschäft vorhergesehen und uns schon früh auf das Computer-Zeitalter eingestellt haben. Leider war die Sache ganz anders. In Wirklichkeit war es so, daß wir durch die Revolution in der Elektronik in das Computergeschäft gedrängt wurden.

In den frühen sechziger Jahren zeichnete sich die wachsende Bedeutung der Computer für den Bereich der Meßtechnik ab. Man erkannte, daß ein Computer die Meßgenauigkeit eines Gerätes mindestens verzehnfachen und zudem auch die Ergebnisse vielseitiger verwendbar machen konnte.

Ich machte eine Reise nach New England, um mich in mehreren kleinen Computerfirmen umzusehen. Ich wußte, daß die Digital Equipment Company (DEC) einige vielversprechende Produkte anbot. Bei einem Besuch in dieser Firma sprachen wir auch über die Möglichkeit einer Übernahme durch HP. Als Kaufpreis stand ein Betrag von 25 Millionen Dollar im Raum. Es gab jedoch einige erschwerende Faktoren, so daß wir die Sache nicht weiterverfolgten. Ich besuchte auch die Wang Laboratories, die an der Entwicklung eines elektronischen Rechners arbeiteten, entschied mich aber zum damaligen Zeitpunkt gegen ein Engagement von HP in diesem Bereich.

In der Zwischenzeit hatten unsere Ingenieure Kay Magleby und Paul Stoft mit den Entwicklungsarbeiten begonnen. Sie schilderten mir die Möglichkeiten eines Computersystems zur automatischen Steuerung von Instrumenten, die an Drucker und Plotter angeschlossen sind. Die Vision eines HP-Computers begann mich zu begeistern.

Im September 1964 machte sich ein Team unter der Leitung von Kay Magleby an die Entwicklung einer automatischen Steuerung für Meßsysteme. Aus diesem Projekt ging unser erster Minicomputer hervor, das Modell 2116. Die ursprünglich in den HP Labs begonnenen Arbeiten wurden später durch Mitarbeiter einer kleinen Computerdivision unterstützt, die wir von Union Carbide übernommen hatten. So bildete sich zugleich der Kern unserer ersten Computerdivision in Cupertino, unweit von Palo Alto.

Es stellte sich recht schnell heraus, daß wir die meisten 2116er nicht als Steuergerät für automatische Meßsysteme verkauften, sondern als selbständige Minicomputer. Trotzdem dauerte es noch eine Weile, bis wir daraus die richtigen Schlüsse zogen. Ein Beispiel für unsere vorsichtige Annäherung an die Computer war ein vielversprechendes Projekt mit dem Kodenamen Omega. Dahinter verbarg sich ein in Cupertino initiiertes Projekt zur Entwicklung eines Computers, der damals in den frühen siebziger Jahren der erste 32-Bit-Rechner der Welt gewesen wäre. Der Terminus 32-Bit bezieht sich auf die verwendete Wortlänge und auf die Breite der Parallelbusse für den Datentransport in der Maschine. Anfangs war eine Wortlänge von 8 Bit die Norm, 1968 waren es schon 16 Bit. Ein 32-Bit-Gerät hätte mehr Hardware erfordert, wäre aber doppelt so schnell gewesen und hätte den direkten Zugriff auf ein Vielfaches an gespeicherten Informationen ermöglicht.

Die Aussicht, einen derart schnellen und leistungsfähigen Computer zu fertigen, hatte bei unseren Mitarbeitern in Cupertino große Begeisterung hervorgerufen, und Omega existierte bald als Prototyp. Zu diesem Zeitpunkt machte sich jedoch die Führungsspitze immer mehr Sorgen über den Umfang des Projekts. Es stellte eine klare Abweichung von HP's Grundsätzen dar. Es war zu kostspielig. Für seine Finanzierung wären Kredite notwendig gewesen. Und außerdem erforderte das Projekt Voraussetzungen und Kenntnisse, die wir zu der Zeit nicht besaßen, wie zum Beispiel ein Rechenzentrum, die Fähigkeit zur Abwicklung von Großaufträgen, einen Kundendienst rund um die Uhr sowie die entsprechende Leasing- und Vertriebsabteilungen. Noch stärker ins Gewicht fiel die Tatsache, daß das Projekt eines 32-Bit-Computers eine immense und völlig neue Marketingaufgabe darstellte. Wir hätten uns damit nicht nur auf Neuland begeben, sondern wären in direkte Konkurrenz zu den Großrechnern von IBM getreten. Bill Hewlett folgte stets einem weisen Rat: »Greife keinen befestigten Hügel an, vor allem wenn die Armee dort oben größer ist als deine.« Omega war geradezu ein klassischer Fall. Das Projekt wurde gestoppt, eine Entscheidung, die uns nicht leichtfiel und die umstritten war.

Besonders enttäuschend war die Einstellung von Omega für unsere Mitarbeiter in Cupertino. Der Leiter des Projekts verließ die Abteilung (und bald danach das Unternehmen). Einige der Betroffenen gingen sogar so weit, eine schwarze Trauerbinde am Arm zu tragen. Aber mochte das Projekt auch gestoppt worden sein, gestorben war es noch lang nicht! Es stellte sich heraus, daß einige Omega-Begeisterte immer noch in einer Ecke des Labors daran arbeiteten. Zu diesem Zeitpunkt überlegten sich einige Manager und Ingenieure die Sache noch einmal. Sie waren sich einig, daß es gute Ideen im Hinblick auf die Computerarchitektur aufwies, und kamen zu dem Schluß, daß eine Beschränkung auf eine 16-Bit-Maschine und eine Vereinfachung des Betriebssystems unter Umständen zu einem attraktiven Produkt führen würde. Das Omega-Entwicklungsprogramm wurde neu formuliert und in ›Alpha‹ umbenannt. Das Ergebnis war ein ausgefeilter, kostengünstiger 16-Bit-Rechner für kommerzielle Anwendungen und kam 1972 unter der Modellbezeichnung HP3000 auf den Markt. Der HP3000 ist mit seinem Betriebssystem MPE (MULTI PROGRAMMING EXECUTIVE) eines der erfolgreichsten Systeme überhaupt in der Geschichte der Computerbranche. Erst heute, über zwanzig Jahre nach seiner Einführung, beginnen auch seine Nachfolgemodelle zu veralten.

Elektronische Rechner: ein vollkommen neuer Markt

Zur Zeit meines Besuchs bei Wang war ich der Ansicht, daß HP sich nicht in den Rechnermarkt begeben sollte. Das änderte sich jedoch nach dem Besuch eines jungen Ingenieurs namens Tom Osborne bei HP im Jahre 1966. Tom hatte für Smith Corona Marchant, einen Hersteller mechanischer Rechner, auf der anderen Seite der San Francisco Bay gearbeitet. Er hatte das Modell einer elektronischen Rechenmaschine in Schreibmaschinengröße gebaut und es mehreren Unternehmen zum Verkauf angeboten. Ohne Erfolg. Bei HP zeigte er sein Modell dem Laborleiter Paul Stoft und Barney Oliver. Die beiden erkannten – wie später auch Bill Hewlett und ich – das ungeheure Potential in Osbornes Gerät. Vielleicht ließ sich daraus eine Rechenmaschine für den Schreibtisch entwickeln, die geräuschlos und schnell trigonometrische, logarithmische und Hyperbelfunktionen berechnen konnte und auch noch programmierbar war! Damit wären die lauten mechanischen Rechenmaschinen und die vielen umfangreichen Tabellenwerke der Ingenieure mit einem Schlag überflüssig.

In Zusammenarbeit mit Tom Osborne entwickelte ein HP-Team den technisch-wissenschaftlichen Tischrechner Modell 9100, der sehr erfolgreich war und eine wirklich innovative Entwicklung darstellte. Die Maschine wurde noch vor der Zeit komplexer integrierter Schaltungen gebaut und enthielt daher eine Platine mit vierzehn Schichten – die aufwendigste, die HP je herstellte. Zu den Bewunderern des 9100 gehörte auch der Science-fiction-Autor Arthur C. Clarke, der Verfasser des Drehbuchs zu *2001: A Space Odyssey.* Seine Fans bei HP fanden heraus, daß er sich einen 9100 zu Weihnachten wünschte, und sammelten deshalb Geld, um ihm einen zu schenken. Nach dem Namen des Computers im Film taufte Clarke dann die Maschine HAL Junior und meinte, das sei fast das, was er einmal als Traum eines jeden Ingenieurs skizziert hatte. Als ich 1969 ins Verteidigungsministerium kam, nahm ich einen 9100 mit nach Washington.

Trotz des immensen Erfolgs des 9100 sollte der aufregendste Teil unseres Engagements im Rechnerbereich erst noch kommen. Als größere Halbleiterspeicher und -prozessoren mit geringem Energieverbrauch auf den Markt kamen, wollten viele der an der Entwicklung des 9100 beteiligten Ingenieure die gleiche Funktionalität in einen kleineren Rechner packen, der Bill Hewletts Forderung entsprach, in die Hemdtasche zu passen.

Dieser Taschenrechner, der wegen seiner 35 Tasten HP 35 hieß, wurde 1972 eingeführt. Etwa einen Monat vor seiner Freigabe verteilte Barney Oliver Muster des HP 35 an mehrere führende Ingenieure und Physiker, die mit dem Nobelpreis ausgezeichnet worden waren. Das Aufsehen, das sie durch das beiläufige Vorzeigen dieses ›Spielzeugs‹ bei Tagungen und Kongressen erregten, war wohl dafür verantwortlich, daß wir die anfängliche Nachfrage nach dem HP 35 und später nach dem programmierbaren HP 65 nicht befriedigen konnten. Mittlerweile haben wir von diesen Taschenrechnern und ihren Nachfolgemodellen über 15 Millionen Stück verkauft. Der Rechenschieber, einst der treue Begleiter eines jeden Ingenieurs, verschwand praktisch über Nacht.

Wie bereits erwähnt, möchte HP mit jedem Produkt einen Beitrag zum Fortschritt leisten, der etwas Neues und anderes beinhaltet. Dieses Bestreben, das uns bei den Rechnern und später bei den RISC-Computern (Reduced Instruction Set Computer) großen Erfolg einbrachte, war andererseits bei unserem Eintritt in den PC-Markt ein echtes Hindernis. Oft besteht ein wesentlicher Teil der Arbeit darin, Software und Hardware aufeinander abzustimmen, um die Verarbeitungsgeschwindigkeit zu steigern. Ursprünglich lieferte der Hardwareanbieter auch den Großteil der benötigten Software.

Aber im Lauf der Jahre sind viele Unternehmen entstanden, die sich ausschließlich auf Software spezialisiert haben. Dies gilt insbesondere für PCs, deren Benutzer sich mit dem Schreiben von Programmen überhaupt nicht beschäftigen wollen.

Wer heute als Computerhersteller keine PCs mit Standardschnittstellen für die von Softwarefirmen angebotenen Produkte anbietet, vernachlässigt einen großen Teil des Marktes. Wir bei HP mußten lernen, daß der Beitrag, den wir heute im Computermarkt leisten können, in der Anwenderfreundlichkeit, Geschwindigkeit, Zuverlässigkeit und vor allem in der Erschwinglichkeit unserer Geräte liegt.

Die Hartnäckigkeit eines Individualisten

Weiter oben erwähnte ich, daß mit der Managemententscheidung gegen eine neue Idee nicht immer das letzte Wort gesprochen ist. Vor einigen Jahren erhielt Chuck House, einer der besten Ingenieure unseres Werkes in Colorado Springs den Rat, die Arbeit an der Entwicklung eines Bildschirmmonitors aufzugeben. Statt dieser Anregung zu folgen, brach er in den Urlaub nach Kalifornien auf – und machte unterwegs mehrmals Station, um potentiellen Kunden einen Prototyp seines Monitors zu zeigen. Er wollte wissen, was sie davon hielten, vor allem jedoch, was sie von einem solchen Produkt erwarteten und wo sie seine Grenzen sahen. Ihre positive Reaktion ermutigte ihn zur Fortsetzung seines Projekts, obwohl er nach seiner Rückkehr nach Colorado erfuhr, daß ich und andere die Einstellung des Projekts angeordnet hatten. Er überredete den F&E-Leiter, schnell mit der Produktion des Monitors zu beginnen. HP verkaufte dann mehr als 17000 Bildschirmmonitore, die einem Umsatz von mehr als 35 Millionen Dollar entsprachen.

Ein paar Jahre später überreichte ich Chuck bei einer Versammlung von HP-Ingenieuren eine Orden für ›außerordentlichen Trotz und Starrsinn‹.

Wie unterscheidet ein Unternehmen zwischen Insubordination und Unternehmergeist? Für diesen jungen Ingenieur lag der Unterschied in seiner Absicht.

»Ich wollte nicht eigensinnig oder aufsässig sein. Ich wollte nur den Erfolg für HP«, erklärte er. »Es kam mir gar nicht in den Sinn, daß mein Job auf dem Spiel stehen könnte.« Als dieser Ingenieur später Abteilungsleiter wurde, stand er auch weiterhin im Ruf, ein Individualist zu sein.

Denkt man an die Beiträge von Hewlett-Packard, dann fallen einem sofort innovative Produkte ein. Aber im Lauf der Jahre haben wir auch versucht, im Bereich neuer Fertigungsmethoden Bedeutendes zu leisten. Denn oft sind es erst diese Innovationen in der Fertigung, die bahnbrechende Produkte ermöglichen.

In vielen Fällen kam in der Entwicklung neuer oder verbesserter Produktionsprozesse das starke Selbstbewußtsein unserer Fertigungsteams zum Tragen, die immer davon überzeugt waren, eine bessere Lösung finden zu können. Bill und ich haben diese Haltung immer unterstützt.

Die Kingman-Karte ist ein gutes Beispiel. 1945, vor der Erfindung der gedruckten Schaltungen, verwendeten wir eine von Rufe Kingman entwickelte Technik, die zu einer deutlichen Senkung der Produktionskosten führte und die Zuverlässigkeit und Leistungsfähigkeit unserer Produkte deutlich verbesserte. Die Kingman-Karte war ein Streifen mit Lötösen auf beiden Seiten, in die man Bauteile einstecken und festlöten konnte. Dadurch war eine gewisse Einheitlichkeit garantiert, und wir konnten eine gleichartige Halterung für die Bauelemente herstellen.

Ein weiteres Beispiel war unsere Fertigung von integrierten Schaltungen, mit der wir Mitte der Sechziger Jahre begannen, lange vor allen Konkurrenten. Dadurch waren wir für die zu erwartende Zunahme von Digitaltechnik im Meßgerätebereich gerüstet. Das HP-Team entwickelte nicht nur einen eigenen Bipolarprozeß, sondern auch andere, für die Produktion und Erprobung integrierter Schaltungen erforderliche Systeme, noch bevor solche Geräte auf dem Markt erhältlich waren.

Das Streben nach innovativen Beiträgen zusammen mit dem Bemühen, Bedürfnisse der Kunden zu erkennen, haben sich für Hewlett-Packard immer wieder bezahlt gemacht und dem Unternehmen bei der Anpassung an sich verändernde Technologien und Kundenwünsche geholfen.

Kapitel 8

Auf die Kunden hören

Der Schlüssel zum Erfolg von Hewlett-Packard liegt in dem Bemühen, den Bedürfnissen unserer Kunden gerecht zu werden. Wir fordern alle Mitarbeiter unseres Unternehmens zum ständigen Nachdenken darüber auf, in welcher Beziehung ihre Tätigkeiten zum zentralen Anliegen des ›Dienstes am Kunden‹ stehen.

Bei HP beginnt das Konzept der Kundenzufriedenheit bereits bei der Entwicklung neuer Ideen und Technologien. Diese neuen Ideen bilden die Basis für die Entwicklung von Produkten, welche den zukünftigen Marktanforderungen und den Kundenwünschen entsprechen. Um in einer Ära weltweiten Wettbewerbs und raschen Wandels bestehen zu können, müssen neue Produkte schnell und kostengünstig entwickelt werden, durch Fertigungsverfahren, die Qualität und Wirtschaftlichkeit gewährleisten.

Neuartige und zuverlässige Produkte sind entscheidend für die Zufriedenheit des Kunden, aber auch andere Faktoren spielen eine wichtige Rolle. Hewlett-Packard bietet jedem Kunden eine individuelle Problemlösung an, und dabei ist es natürlich unumgänglich, daß dem Kunden nur die Produkte empfohlen werden, die seinen Anforderungen auch langfristig genügen. Aus diesem Grund müssen unsere Vertriebsbeauftragten einzeln, in Teams oder zusammen mit anderen Unternehmen, die mit HP zusammenarbeiten, engen Kontakt zum Kunden haben, um jeweils die besten Problemlösungen zu finden.

Wenn ein Kunde ein Produkt von Hewlett-Packard kauft, kann er erwarten, daß es nicht nur am ersten Tag gut funktioniert, sondern daß er die bestmögliche Serviceunterstützung bekommt, die einen langen, problemfreien Gebrauch garantiert.

Lange Jahre stand die Marketing- und Verkaufsarbeit von HP unter der Leitung von Noel Eldred. Noel war ein wichtiges Mitglied unseres Führungsstabs und legte immer sehr großen Wert darauf, dem Kunden zu helfen. Er ging sogar so weit, daß er von unseren Verkäufern forderte, bei Meinungsverschiedenheiten zwischen dem Kunden und dem Unternehmen auf der Seite des Kunden zu stehen. »Wir möchten nicht, daß Sie uns blindlings folgen«, erklärte er ihnen. »Wir möchten, daß Sie für den Kunden eintreten. Wir verkaufen schließlich keine Hardware, sondern Lösungen für Kundenprobleme.« Noel betonte stets die große Bedeutung von Hinweisen der Kunden als Hilfe für die Entwicklung von Produkten, für die ein wirklicher Bedarf besteht. Er bestand auch darauf, daß die Verkäufer niemals abfällige Bemerkungen über die Konkurrenz machten. Darin spiegelte sich unsere Haltung wider, der Konkurrenz stets mit Respekt zu begegnen. Ein Respekt, wie er zwischen General Radio und HP in den Gründerjahren unseres Unternehmens bestanden hat.

Ich habe schon von der Entwicklung unseres HP 35 berichtet. Dieses einzigartige Produkt stellte unsere Entwickler und Fertigungsteams vor eine große Herausforderung. Aber nicht nur sie. Im Hinblick auf den erhofften Erfolg des HP 35 mußten wir Verkaufs- und Vertriebsmethoden entwickeln, die für Hewlett-Packard völlig neu waren. Unser traditionelles Liefersystem – die Kunden bestellten und wir lieferten aus – kam dafür nicht in Frage. Wir schickten also einige unserer Mitarbeiter zum Buchladen der Stanford University und anderen, ähnlichen Geschäften, um herauszufinden, wie wir vorgehen sollten. Bill Terry, einer unserer Ingenieure, erinnert sich noch lebhaft an seinen Besuch im Kaufhaus Macy's in San Francisco. Macy's trug sich damals mit Plänen zum Aufbau einer Elektronikabteilung. Bill führte den Taschenrechner vor, stieß auf Interesse und vereinbarte einen

Preis. Dann wollte er über Bestell- und Lieferpläne sprechen. An diesem Punkt legte der Manager von Macy's beide Hände vor sich auf den Tisch und sah Bill in die Augen: »Ihr jungen Leute versteht das nicht. Ich verkaufe nichts, was ich nicht im Laden habe.« Das war unsere erste Erfahrung mit dem Einzelhandel.

Produzieren, um Regale zu füllen. Das war etwas völlig Neues für Hewlett-Packard. Aber unsere Managementgrundsätze ließen sich leicht auf die hohe Stückzahl im Einzelhandel übertragen, und durch unsere dezentralisierten Teams waren wir flexibel genug, um darauf zu reagieren.

Unsere Aktivitäten im Einzelhandel blieben bis Anfang der achtziger Jahre eher bescheiden, obwohl wir kurz nach der Einführung des HP 35 einen Versuch mit einer Armbanduhr mit integriertem Rechner wagten. Aber die HP 01 mit dem Kodenamen ›Cricket‹ war unhandlich und klobig – technologisch anspruchsvoll, aber modisch anspruchslos. Wir haben wohl weniger als zwanzigtausend davon verkauft, die meisten an unsere Freunde in der Elektronikbranche. (Anmerkung des Herausgebers: Inzwischen ist die HP 01 im wachsenden Markt für elektronische ›Antiquitäten‹ ein sehr gesuchter Artikel, der oft mehr als das Doppelte seines ursprünglichen Preises von 700 Dollar erzielt.)

Die Geschichte der HP-Drucker

1994 hat Hewlett-Packard 5 Millionen DeskJet-Drucker und fast 4 Millionen LaserJet-Drucker verkauft. Seit der Einführung beider Drucker im Jahre 1984 hat unser Unternehmen 30 Millionen Geräte verkauft. Dieser außerordentliche Erfolg läßt sich bis zu den Anfängen unserer Druckerproduktion in den frühen siebziger Jahren zurückverfolgen.

Als HP in den späten sechziger Jahren ins Computersystemgeschäft einstieg, erkannten wir die enge Verbindung zwischen Computern und der Peripherie – Plotter, Drucker, externe Speicher und so weiter. Wir wollten unseren Kunden alle Komponenten anbieten können, die zu einem System gehören. In jener Zeit war die Branche bemüht, die Mehrbenutzer-Systemdrucker an Minicomputer zu adaptieren. Diese Systemdrucker für Großrechner waren äußerst unzuverlässig und darüber hinaus auch in der Anschaffung und Wartung sehr teuer.

Lasertechnologie

Mitte der siebziger Jahre begannen wir in Kooperation mit Canon die Arbeit an der Entwicklung von Laserdruckern für unsere Minicomputer. Wir gingen davon aus, daß die Kunden schon bald größere Zuverlässigkeit, höhere Druckgeschwindigkeit und bessere Druckqualität fordern würden, was mit Hilfe der Lasertechnologie realisierbar war. 1982 brachte HP seinen ersten Laserdrucker auf den Markt. Wir verwendeten die von Canon lizensierte elektrofotografische Technologie, entwickelten und bauten den Drucker jedoch selbst. Der HP 2680 hatte in etwa die Größe eines Kühlschranks und war mit einem Preis von 100 000 Dollar noch sehr teuer. Aber er war sehr robust und geräuscharm. Er druckte mit hoher Auflösung und Geschwindigkeit auf ganz normalem Papier. Es war ein Schritt in die richtige Richtung und förderte die Zusammenarbeit zwischen Canon und Hewlett-Packard.

In den achtziger Jahren eröffnete sich mit dem Aufkommen des Personalcomputers eine weitere Marktchance. Leute mit einem PC auf dem Schreibtisch wollten einen einfachen und direkten Zugang zu ihrem Drucker. Die Japaner erfaßten diesen Trend sehr schnell und entwickelten zwei Typen von Anschlagdruckern – preisgünstige Punktmatrixdrucker und etwas teurere Typenraddrucker. HP besaß keine Erfahrung im Bereich der Anschlagdrucker, doch unser Laserdrucker-Projekt mit Canon und unsere (damals schon weit fortgeschrittenen) Arbeiten an der Entwicklung von Tintenstrahldruckern führten uns zu der Erkenntnis, daß die Zukunft nicht den Anschlagdruckern gehörte. Der Markt für innovative Produkte stand weit offen.

LaserJet

Zwar war für HP die Entwicklung eigener Technologie eine feste Tradition, aber Canon verfügte bereits über die Druckermotoren, die wir benötigten. Damit konnten wir einen nicht zu teuren Laserdrucker für PCs bauen. Den ersten LaserJet-Drucker brachten wir im März 1984 auf den Markt. Es war ein völlig neuartiges Gerät. Er war klein, schnell, flexibel, zuverlässig und bot hohe Druckqualität zu einem erschwinglichen Preis. Der erste LaserJet schuf über Nacht einen vollkommen neuen Markt (ähnlich wie zwölf Jahre vorher der Taschenrechner).

Von Anfang an waren wir uns darüber im klaren, daß der LaserJet-Drucker bei einem Preis von 3495 Dollar am Markt voll einschlagen würde. Aus diesem Grund entschieden wir uns dafür, den Vertrieb über unseren Bereich Großhandel laufen zu lassen, der sich auf Wiederverkäufer konzentrierte. Dieser Vertriebskanal war für HP in den vergangenen zehn Jahren von großem Vorteil.

›Mehr für weniger‹ wurde zur Devise für jedes neue LaserJet-Modell. Diese Zielsetzung zeigt, daß wir aus den Erfahrungen mit Rechenmaschinen gelernt hatten. Viele Jahre brachten wir immer leistungsfähigere Taschenrechner zu höheren Preisen auf den Markt. Unsere Konkurrenten boten dagegen nur die minimale Ausstattung zu einem niedrigerem Preis an. Die hochwertigen HP-Rechner wurden an Kunden verkauft, die leistungsfähige und vielseitige Geräte brauchten, aber für den Massenmarkt war die Grundausstattung ausreichend. Dadurch verlor HP Marktanteile an die preisgünstigere Konkurrenz. Aufgrund dieser Erfahrungen faßten wir den Entschluß, daß jede neue Version des LaserJet-

Druckers gleichzeitig leistungsfähiger und preisgünstiger sein mußte als ihr Vorgängermodell.

Der LaserJet II wurde 1987 eingeführt und erreichte weltweit höhere Absatzzahlen als alle anderen Laserdrucker (von denen es zu diesem Zeitpunkt bereits sehr viele gab). Die Verbesserungen betrafen die Druckqualität und die graphischen Möglichkeiten. Zum erstenmal bot das Gerät etwas, was heute geradezu lächerlich erscheint: Papierausgabe in der richtigen Reihenfolge.

Zwei Jahre später brachte HP ein völlig unerwartetes Produkt auf den Markt – den LaserJet IIP. Dieser Drucker war technisch weniger aufwendig und erheblich preisgünstiger. Er hatte alle Qualitäten des LaserJet II im Hinblick auf Druckbild, Zuverlässigkeit, Papierausstoß, Zeichensatz und graphische Eigenschaften, war aber um mehr als 1000 Dollar billiger. Die Produktion konnte die Nachfrage nicht schnell genug befriedigen.

Der langerwartete LaserJet III kam schließlich Anfang 1990 auf den Markt. Er bot ein DTP-taugliches Schriftbild und graphische Möglichkeiten, die weit über die seiner Vorgänger hinausgingen.

Charles Tung, ein Ingenieur des Labors in Boise, entwikkelte und patentierte eine Methode, mit der sich der Einsatz und die Dauer der Laseraktivierung exakter steuern läßt. Diese Entwicklung ermöglichte es, die Größe und Plazierung der Farbpunkte beim Drucken zu variieren, und führte zu einer enormen Verbesserung der Druckqualität. Der LaserJet III kostete 2395 Dollar und damit weniger als der LaserJet II und die Produkte der Konkurrenz. Erst nach einem Jahr kam das erste Gerät der Konkurrenz auf den Markt, das Charles Tungs Technologie zur Verbesserung der Auflösung nachahmte.

Noch ist kein Ende der Entwicklung abzusehen. LaserJet ist inzwischen zu einem Synonym für eine ganze Produktkategorie – Desktop-Laserdrucker – geworden, wie die Markennamen Kleenex, Xerox oder Levis.

Die InkJet-Geschichte

Die Geschichte der Tintenstrahldrucker von Hewlett-Packard begann 1978 mit einer Zufallsentdeckung in einem unserer Labors in Palo Alto. Ein Ingenieur, der an der Entwicklung einer Dünnfilmtechnologie für integrierte Schaltkreisanwendungen arbeitete, testete die Reaktion von Dünnfilm auf elektrische Impulse. Die Elektrizität überhitzte das Medium, und an der Unterseite des Films wurden kleine Tropfen ausgestoßen. Daraus wurde eine Idee geboren: Was wäre, wenn sich diese Tropfen präzise steuern ließen? Es existierten zwar bereits große Tintenstrahlmarkiergeräte, aber bis zu diesem Zeitpunkt ließ sich damit nur ein sehr grober Druck mit sehr großen Buchstaben für industrielle Zwecke realisieren. Mit einem Mal schien es so, als könne man diese Markiertechnologie miniaturisieren. Es war eine Technologie, die überdies für den Druck nur wenig Energie verbrauchte und in der Herstellung sehr kostengünstig war. Wie im Fall der Laserdrucker gab der Siegeszug des Personalcomputers die Marktrichtung vor. Diesmal konnten wir einen wirklich eigenen Beitrag leisten, weil es keine anderen Anbieter von Tintenstrahldruckern gab.

Die Tintenstrahltechnologie bot HP die Chance, die preisgünstigsten Drucker – die seriellen Punktmatrixdrucker – mit einem in allen Bereichen überlegenen Produkt vom Markt zu verdrängen. Die Tintenstrahltechnologie besaß das Potential für bessere Druckqualität, geräuschärmeren Betrieb, extrem niedrigen Stromverbrauch und zuletzt auch für hochwertigen und kostengünstigen Farbdruck.

ThinkJet

1980 begann das erste ThermoInkJet-Programm von Hewlett-Packard, und bis 1982 hatten wir das Schlüsselelement fertig: einen austauschbaren Druckkopf. 1984 führten wir einen Thermotintenstrahldrucker mit dem Namen ThinkJet ein, ein kleines, stabiles Gerät, das auf Spezialpapier druckte. Mit seinen 96 Farbpunkten stellte der ThinkJet in einem von lauten Anschlagdruckern beherrschten Markt eine völlig neuartige Technologie dar.

Doch zu unserer Überraschung blieben die Verkaufszahlen weit hinter den Erwartungen zurück. Wir sprachen mit unseren Kunden, um die Gründe herauszufinden, und sie erklärten uns, was sie haben wollten: bessere Druckqualität, verschiedene Schriftarten und die Möglichkeit, auf x-beliebiges Papier zu drucken. Wir gingen zurück ans Reißbrett.

Maverick

Unser neues Tintenstrahldrucker-Projekt erhielt den Kodenamen ›Maverick‹. Das Ergebnis war ein Gerät mit 300 DPI, einer Auswahl an Schriften und der Möglichkeit zur Verwendung von Normalpapier. Aber das Produkt hätte zu einem Preis von 1500 Dollar verkauft werden müssen, was für einen PC-Drucker zuviel war. Das Projekt wurde eingestellt. Es war ein herber Rückschlag für unser Entwicklungsteam. Doch trotz der großen Enttäuschung unternahm das Team einen weiteren Versuch.

DeskJet

Unsere Kunden hatten ihre Wünsche unmißverständlich zum Ausdruck gebracht: Sie wollten einen Tintenstrahldrucker, der für weniger als 1000 Dollar laserähnliche Druckqualität bot. Die Entwicklungsgruppe begann mit einfachen Zielsetzungen: hohe Qualität, niedriger Preis und eine Entwicklungszeit von zweiundzwanzig Monaten. Doch diesmal arbeiteten Entwicklung, Fertigung und Marketing von Anfang an in fachübergreifenden Teams zusammen. Die Entscheidungen wurden auf der niedrigstmöglichen Ebene getroffen.

Schon in der Entwicklungsphase wurde der Aspekt einer kostengünstigen Fertigung umfassend berücksichtigt, und Verbraucher-Fokusgruppen halfen bei jedem Schritt, die Kundenbedürfnisse im Auge zu behalten.

Es gab schwierige Momente. Wir stießen auf Probleme mit dem Druckkopf, mit der Trockenzeit und mit der Druckqualität. Aber nach sechs Monaten hatten wir ein Labormuster und eine Papierführung mit Ein- und Ausgabe an der Vorderseite, eine Kombination aus Erfindergeist und Kundenorientierung. Und unsere Kunden zeigten sich zufrieden mit der verbesserten Druckqualität.

Unsere Marktforschung ergab, daß alle Anwender die Druckeigenschaften des DeskJet gegenüber dem Punktmatrixdrucker bevorzugten. Aber 1000 Dollar für einen Drukker war im Vergleich zu 350 bis 500 Dollar für einen Matrixdrucker immer noch ein ziemlich hoher Preis. Wir machten uns keine Illusionen darüber, daß wir den Preis senken mußten. Aber da wir die Kosten für Entwicklung und Fertigung alleine trugen, mußten wir mit Preissenkungen warten, bis das Absatzvolumen ausreichend war.

Die letzte Stunde schlug dem Punktmatrixdrucker 1990, als HP, dank rapide sinkender Kosten, eine Reihe von Preissenkungen für seine DeskJet-Drucker vornahm, die den ursprünglichen Listenpreis von 995 Dollar für den ersten DeskJet bis 1993 auf 365 Dollar senkte. 1994 wurde das dem Original in allen Punkten überlegene neueste Einstiegsmodell des DeskJets (der DeskJet 540) nicht nur zu einem Preis von 365 Dollar angeboten, sondern auch mit der Möglichkeit zur Farbdrucknachrüstung.

Der DeskJet löste im Alleingang eine Revolution im Farbdruck aus. Vor der Einführung des DeskJet 500 C im Jahr 1991 waren Farbdrucker teuer und wurden nur von Anwendern gekauft, deren besondere Bedürfnisse den Preis rechtfertigten. Unsere Marktforschungen belegten eindeutig, daß die Kunden an Farbdruckern kaum Interesse hatten. Auf die Frage, welche Anforderung sie an einen Drucker stellten, nannten die Kunden den Farbdruck stets am Ende ihrer Prioritätenliste. Als wir jedoch fragten: »Wenn wir alle ihre normalen Druckansprüche erfüllen und ihnen die Möglichkeit anbieten, auch in Farbe zu drucken, ohne oder nur mit geringem Aufschlag, würden sie dann einen solchen Drucker kaufen?«, war die Antwort ein klares »Ja!«. Unsere Kunden wollten zwar keine Farbdrucker, waren jedoch sehr an Druckern interessiert, die auch in Farbe drucken konnten. HP war also aufgefordert, den Farbdruck als Extra anzubieten.

1991 wurden weltweit ungefähr 360 000 Farbdrucker aller Hersteller verkauft, die keine Anschlagdrucker waren. 1994 verkaufte Hewlett-Packard allein annähernd 4 Millionen Farbdrucker. Heute können alle DeskJet-Drucker auch in Farbe drucken.

Qualität

Kundenzufriedenheit an die oberste Stelle zu setzen heißt bei Hewlett-Packard in erster Linie: Verpflichtung zur *Qualität.* – Eine Verpflichtung, die bereits in unseren Labors beginnt und sich auf jede Phase unserer Arbeit erstreckt.

HP hat vielleicht mehr als andere Unternehmen Grund dazu, Qualität besonders zu betonen. Schon früh hatten wir uns auf die Entwicklung und Herstellung elektronischer Test- und Meßinstrumente festgelegt, die von unseren Kunden zum Testen und Messen der Qualität ihrer eigenen Produkte und Verfahren verwendet wurden. Deshalb mußten wir bestmögliche Arbeit leisten.

Im Lauf der Jahre haben wir uns immer wieder eingehend mit Fragen der Qualitätsverbesserung befaßt. Als besonders effektiv hat sich dabei die Methode erwiesen, die Fertigung so zu organisieren, daß die Endtests in der Nähe der Endmontage stattfinden. Wenn das Testteam beim fertigen Produkt Probleme entdeckte, konnte es sofort mit der Montage Kontakt aufnehmen.

Diese Zusammenarbeit kam dem späteren ›Qualitätszirkel‹ schon sehr nahe, weil sich auch hier Leute effektiv und unbürokratisch miteinander austauschten und eng zusammenarbeiteten. Aus dem Meinungsaustausch zwischen Test und Montage sind immer wieder gute Ideen entstanden, die zudem auch einen Beitrag zur Steigerung der Qualität und Produktivität leisteten.

Heute sind wir alle vertraut mit den Leistungen der japanischen Industrie in der Fertigung von Qualitätsprodukten. In jüngerer Zeit haben sich japanische Autos, Radios, Fernsehgeräte, Aufnahmegeräte und viele andere Produkte durch ihre Qualität und Zuverlässigkeit in aller Welt einen hervorragenden Ruf erworben. Auch die Erfahrungen von Hewlett Packard mit den Japanern haben sich in entscheidender Weise auf die Qualität der Produkte unseres Hauses ausgewirkt.

Japanisches Joint-Venture

1963 gingen wir ein Joint-Venture mit einem japanischen Unternehmen ein, das im Bereich Prozeßmeßgeräte tätig war und eine gewisse Übereinstimmung mit unserem Produktsortiment aufwies. Als wir dieses – später Yokogawa-Hewlett-Packard (YHP) benannte – Projekt planten, besuchte ich Japan und verbrachte einige Wochen mit den Leuten von Yokogawa. Zur damaligen Zeit waren die japanischen Fähigkeiten in den Bereichen Fertigung und Management unseren noch unterlegen. Ich kam daher zu dem Schluß, daß das Projekt nach dem Vorbild unseres Unternehmens geleitet werden mußte, sollte es ein Erfolg werden. Die Japaner erklärten sich einverstanden, und so stand YHP in seinen Aufbaujahren unter der Leitung eines HP-Managers. Einige der bewährten Methoden aus unserem Haus konnten erfolgreich auf das Gemeinschaftsprojekt übertragen werden.

Damals bestand HP aus relativ kleinen Divisionen. Jedes

Jahr holten wir sämtliche Divisionsmanager zu einer Besprechung zusammen und verbrachten zwei oder drei Tage mit Berichten, Erfahrungsaustausch, Leistungsvergleichen und so weiter. Ein Punkt der Tagesordnung war stets die Qualität unserer Erzeugnisse. Wir führten genau Buch über die Ausfallquoten jedes HP-Produkts und über die Garantiekosten.

Während der ersten Jahre unseres japanischen Joint-Venture nahm der YHP-Manager, ein Amerikaner, an der Konferenz teil und berichtete wie alle anderen Manager auch. Die Leistungen von YHP lagen in der Regel im Durchschnitt. Die Fehlerquoten und die Garantiekosten lagen weder an der Spitze noch am Ende des Gesamtfeldes.

Nach einigen Jahren kam eines Tages Kenzo Sasaoka, ein intelligenter, junger japanischer Manager, der bei YHP ausgezeichnete Arbeit geleistet hatte, auf Bill Hewlett und mich zu: »Warum lassen Sie nicht mich YHP leiten? Sie schicken uns einen amerikanischen Manager, um unsere Arbeit zu überwachen. Wir verbringen – oder besser, verschwenden – sehr viel Zeit damit, mit ihm zu reden, und wenn etwas schiefgeht, geben wir ihm die Schuld. Wir sind davon überzeugt, daß wir es besser können.« Unserer Ansicht nach war die Sache einen Versuch wert, und so gaben wir ihm grünes Licht.

Im folgenden Jahr wuchs YHP schneller als je zuvor und darüber hinaus verbesserte sich auch die Produktqualität. Die YHP-Erzeugnisse bewegten sich auf der HP-Liste nach oben, und bald darauf legte der Manager einen erstaunlichen Qualitätsbericht vor. Die Fehlerquoten waren niedriger als bei allen anderen HP-Divisionen. Einige Jahre danach, 1982, erhielt YHP den begehrten japanischen Deming-Preis für Produktivität und Qualität. Dieser Preis, der Gegenstand eines intensiven Wettbewerbs zwischen den Firmen ist, ist nach dem amerikanischen Statistiker Dr. W. Edwards Deming benannt, der den Japanern in den Jahren nach dem zweiten Weltkrieg bei der Verbesserung ihrer Produktqualität half.

Ein Beispiel für die Leistungsfähigkeit von YHP: Wir stellten in verschiedenen Bereichen unseres Unternehmens gedruckte Schaltungen her. Unsere niedrigsten Fehlerquoten betrugen ungefähr 4 von 1000, und das hielten wir auch für ziemlich gut – die Quote lag unter 0,5 Prozent. In einem ähnlichen Bereich bewegten sich auch die Quoten vieler anderer Unternehmen. In unserem japanischen Werk hingegen lag die Fehlerquote bei gedruckten Schaltungen bei *10 pro 1 000 000.* Das war vierhundert Mal besser als alles, was wir bis dahin geschafft hatten.

Natürlich rüttelte dieser Bericht so manchen in unserem Unternehmen auf und sorgte für ein radikales Umdenken. Er machte uns deutlich, daß unsere Qualitätsziele auch nicht annähernd den Rahmen des Erreichbaren ausschöpften. Die Einstellung und Arbeitsweise bei YHP fand bald ein positives Echo im gesamten Unternehmen. Wir konnten die Qualitätsziele in vielen Divisionen auf ein Niveau steigern, das wir vorher für völlig unmöglich gehalten hätten. Ich hatte oft beobachtet, daß die Mitarbeiter von YHP sich Zeit nahmen, um jede Prozeßänderung möglichst genau vorzunehmen. Diese Änderungen wurden bei HP in Palo Alto jedoch möglichst schnell durchgeführt, so daß die vorgegebenen Grenzwerte gerade noch eingehalten wurden. Der Grund dafür lag darin, daß die Mitarbeiter in Palo Alto eine Gewinnbeteiligung erhielten und ihre Kollegen in Japan nicht. Als ich unseren Manager in Japan, Kenzo Sasaoka, auf diesen Zusammenhang aufmerksam machte, antwortete er mir, ich hätte ihm den Weg gezeigt: Qualitätsverbesserungen entstehen aus gewissenhafter Beachtung von Details; nur wenn jeder Schritt im Herstellungsprozeß so *sorgfältig* wie möglich – und nicht so *schnell* wie möglich – getan wird, stellt sich der Erfolg ein. Das klingt sehr einfach, kann aber nur durch das Qualitätsbewußtsein aller im Unternehmen in die Wirklichkeit umgesetzt werden.

Kapitel 9

Vertrauen in die Mitarbeiter

Wenn ein Unternehmen seine Leistungsfähigkeit und seinen Erfolg steigern will, müssen mehrere Voraussetzungen erfüllt sein. Eine davon lautet, daß für jede Aufgabe im Unternehmen die fähigsten Leute ausgewählt werden. Besonders im technischen Bereich mit seinen raschen Fortschritten muß ein kontinuierliches Fortbildungsprogramm geschaffen werden. Techniken, die heute sinnvoll sind, werden morgen überholt sein, und daher muß jeder Mitarbeiter ständig nach Verbesserungsmöglichkeiten für seine Arbeit suchen.

Eine weitere Voraussetzung ist ein hohes Maß an Enthusiasmus, der auf allen Ebenen gefördert werden sollte. Vor allem höherrangige Manager müssen nicht nur selbst voller Enthusiasmus sein, sondern dieses Gefühl auch bei ihren Mitarbeitern wecken können. Für halbherziges Interesse und halbherzige Bemühungen kann es keinen Platz geben.

Von Anfang an hatten Bill Hewlett und ich großes Vertrauen in unsere Mitarbeiter. Wir glauben daran, daß sie gute Arbeit leisten *wollen* und daß sie die Freude an ihrer Tätigkeit für Hewlett-Packard nicht verlieren. Wir versuchen unseren Mitarbeitern die Möglichkeit zu geben, stolz auf ihre Leistungen zu sein.

Eng verwandt damit ist unsere Auffassung, daß man Menschen mit Aufmerksamkeit und Respekt behandeln und auch ihre Leistungen anerkennen sollte. Es war Bill und mir immer ein wichtiges Anliegen, ein Umfeld zu schaffen, in dem die Menschen ihr Bestes geben, ihr Potential verwirklichen und für ihre Leistungen Anerkennung finden können.

Jeder Mitarbeiter unseres Unternehmens ist wichtig, und

jede Arbeit ist wichtig. Auf dem Gebiet, in dem wir uns bewegen, liegt der Unterschied zwischen einem guten und einem weniger guten Produkt oft in einem winzigen Detail. Aus diesem Grund haben wir bei unseren Mitarbeitern stets die Haltung gefördert, daß es Sache jedes einzelnen ist, an seinem oder ihrem Arbeitsplatz das Beste zu geben. Vor vielen Jahren besuchte ich in Begleitung des Betriebsleiters eine Gießerei. Wir hielten kurz an, um einem Arbeiter beim Polieren einer Plastikgußform zuzuschauen. Er hatte schon einige Zeit daran gearbeitet und war mit dem Polieren fast fertig. Ohne nachzudenken, faßte ich die Form an und wischte mit dem Finger darüber. Der Mann rief verärgert: »Nehmen Sie die Finger von meiner Form!« Der Betriebsleiter griff sofort ein. »Wissen Sie überhaupt, wer das ist?!« Er antwortete: »Ist mir völlig egal!« Und recht hatte er, was ich ihm auch nicht verschwieg. Er hatte eine wichtige Aufgabe und war stolz darauf.

Die Struktur eines Unternehmens wirkt sich auf Motivation und Leistung des einzelnen aus. Es gibt militärisch organisierte Unternehmen, in denen der Verantwortliche an der Spitze Befehle gibt, die dann von Ebene zu Ebene hinuntergereicht werden, bis die Person an der Basis den Befehl ohne Nachdenken oder Begründung ausführt. Diese Organisationsform wollten und wollen wir bei HP auf keinen Fall. Nach unserer Überzeugung lassen sich unsere Ziele am besten durch Mitarbeiter erreichen, die sie verstehen und unterstützen, Mitarbeiter, die auf flexible und selbstbestimmte Art und Weise gemeinsame Ziele verfolgen.

Die engen Beziehungen zwischen HP-Mitarbeitern förderten einen partizipativen Führungsstil, der einerseits individuelle Freiheit und Initiative unterstützte und andererseits gemeinsame Ziele und Teamgeist betonte. In den Anfangsjahren arbeiteten wir alle an denselben Problemen. Wir nutzten jede Anregung, die wir bekommen konnten, ganz gleich von wem. Es war also kein Zufall, daß sich jeder Mitarbeiter als Mitglied eines Teams fühlte.

Aufgrund des starken Wachstums im Unternehmen war Teamwork bald keine Selbstverständlichkeit mehr. Wir mußten Anstrengungen unternehmen, um die Kooperation zu stärken. Aus diesem Grund haben wir besonders erfolgreiche Divisionen oder Gruppen nie hervorgehoben. Und deswegen kommen nicht nur einzelne oder ausgewählte Gruppen, sondern alle qualifizierten Mitarbeiter in den Genuß von Leistungen wie Gewinnbeteiligungen. Nach unserer Auffassung muß in allen Teilen des Unternehmens ein Geist von Hilfsbereitschaft und Zusammenarbeit herrschen und als Eckpfeiler des ›HP-Way‹ anerkannt und respektiert werden.

Als wir klein und unbedeutend waren, mußten wir die besten Leute einstellen, die wir finden konnten, und sie auch ausbilden. Dann konnten wir nur hoffen, daß sie unser Vertrauen rechtfertigen. Wir wollten, daß die Mitarbeiter unser Ziel, Gewinn zu machen und einen Beitrag zu leisten, teilen. Umgekehrt fühlten wir uns dafür verantwortlich, ihnen nach Möglichkeit Arbeitsplatzsicherheit und Aufstiegschancen zu bieten. Wir trafen daher schon früh eine wichtige Entscheidung: Wir wollten kein Unternehmen sein, das ›heuert und feuert‹, das mit vielen Leuten einen kurzfristigen Arbeitsvertrag schließt und sie nach dessen Ablauf auf die Straße setzt. Mit solch einer Einstellungspolitik lassen sich große Projekte oft sehr schnell und rationell durchführen. Aber Bill und ich hielten davon nichts. Wir wollten langfristig im Geschäft bleiben und ein Unternehmen führen, das auf eine feste und engagierte Belegschaft baut.

Wir standen unseren Mitarbeitern sehr nahe. Wir verstanden ihre Aufgaben und hatten Anteil an ihrem Leben. Wir fanden heraus, wer von ihnen Führungsqualitäten besaß, auch wenn wir manchmal einen Reinfall erlebten. Einmal ernannten wir einen guten Arbeiter zum Leiter der Werkstatt. Ein paar Tage später kam er zu mir. Er erklärte, er habe Probleme mit der Führung, und ich solle seinen Mitarbeitern sagen, daß er der Boß sei. »Wenn ich das tun muß«, antwortete ich ihm, »dann verdienen Sie es nicht, ihr Boß zu sein.«

Eine weitere frühe Erfahrung im Zusammenhang mit dem engen Kontakt zu unseren Mitarbeitern war der Fall eines Beschäftigten, der wegen einer Tuberkuloseerkrankung zwei Jahre beurlaubt werden mußte. Das hatte schwerwiegende Folgen für seine Familie, obwohl wir im Rahmen des Möglichen finanzielle Hilfe leisteten. Wir beschlossen, daß sich eine solche Situation auf keinen Fall wiederholen durfte. Aus diesem Grund richteten wir zum Schutz unserer Mitarbeiter und ihrer Angehörigen eine Krankenversicherung für Notfälle ein. In den späten vierziger Jahren war ein solcher Versicherungsschutz praktisch noch unbekannt.

Das Interesse, das Bill, ich und unsere Familien am Wohlergehen der HP-Beschäftigten hatten, äußerte sich auch in einigen frühen Gepflogenheiten. Unmittelbar nach dem zweiten Weltkrieg sank die Zahl unserer Mitarbeiter, bis 1950 war sie jedoch wieder auf 200 angestiegen. Zu dieser Zeit führte meine Frau Lucile den Brauch ein, jedem Mitarbeiter zu seiner Hochzeit ein Geschenk zu machen und der Familie eine Babydecke zu schenken, wenn ein Kind zur Welt kam. Dieser Brauch hielt sich ungefähr zehn Jahre lang, bis er schließlich dem raschen Wachstum und der Dezentralisierung von HP zum Opfer fiel.

Lucile hat viele Traditionen eingeführt, die in unserem jungen Unternehmen eine familiäre Atmosphäre und ein starkes Zugehörigkeitsgefühl erzeugten. Sie und Flora Hewlett setzten sich unermüdlich für das Unternehmen ein. Wie bereits erwähnt, arbeitete Lucile in den Anfangsjahren als unsere Sekretärin und Buchhalterin. Dabei wandte sie nicht nur Zeit und Energie auf, sondern brachte auch ihre Meinung und Fürsorglichkeit ein, die letztlich zu einem wesentlichen Element unserer Unternehmenskultur wurden.

Das Wachstum wirkte sich auch auf Größe und Form der Firmenpicknicks aus. Als wichtigen Bestandteil der HP-Philosophie organisierten Bill und ich jährlich ein Picknick in der Umgebung von Palo Alto für alle Mitarbeiter und ihre Familien. Es war eine große Veranstaltung, die weitestge-

Ein Picknick in den sechziger Jahren:
Dave Packard (in der Mitte) serviert Steaks.

hend von unseren Mitarbeitern selbst geplant und durchgeführt wurde. Es gab Steaks, Hamburger, mexikanische Bohnen, grünen Salat, Knoblauchbrot und Bier. Für das Essen und das Bier kam HP auf. Es wurde zum festen Brauch, daß die Mitarbeiter der Werkstatt Steaks und Hamburger grillten, während andere Abteilungen die restlichen Aufgaben übernahmen. Zusammen mit anderen Managern servierten Bill und ich das Essen und hatten dadurch Gelegenheit, alle Mitarbeiter und ihre Familien zu treffen.

In den frühen fünfziger Jahren kaufte das Unternehmen Little Basin, ein Stück Land ungefähr eine Autostunde von Palo Alto entfernt. Einen Teil davon bauten wir zu einem Freizeitgelände aus, das groß genug für ein Picknick mit mehr als zweitausend Gästen war. Darüber hinaus stand dieser Ort unseren Mitarbeitern das ganze Jahr über zum Campen zur Verfügung. Diese Idee fand solch großen Anklang, daß wir sie später auch in anderen Teilen der Welt für unsere dortigen Mitarbeiter verwirklichten. In Colorado kauften wir

Land in den Rocky Mountains in der Nähe von Estes Park und in Massachusetts am Meer, in Schottland erwarben wir einen kleinen See mit guten Möglichkeiten zum Fischen (und, wer weiß, vielleicht sogar zum Betrachten des Loch Ness-Ungeheuers), und in Süddeutschland kauften wir Gelände in einem Skigebiet.

Als das Unternehmen größer wurde, veranstalteten die einzelnen Divisionen ihre eigenen Picknicks. Bill, ich und einige der anderen Spitzenmanager besuchten möglichst viele dieser Feste, weil wir dort mit unseren Mitarbeitern, sowohl in den Vereinigten Staaten als auch in Europa, sprechen konnten. Ende der sechziger Jahre war das Unternehmen so stark gewachsen, daß es immer schwieriger wurde, diese Tradition aufrechtzuerhalten. Heute wäre so etwas völlig ausgeschlossen, aber nach wie vor finden in aller Welt die jährlichen Picknicks von HP statt.

Gemeinsamkeit

Die Idee der Gemeinsamkeit wurde zum Grundprinzip der Personalpolitik von Hewlett-Packard: gemeinsame Verantwortung für die Festlegung und Einhaltung von Zielen, Teilhaberschaft am Unternehmen durch Aktienprogramme für Mitarbeiter, Teilen des Gewinns, gleiche Chancen für die persönliche und berufliche Fortbildung und gemeinsame Bewältigung von gelegentlichen geschäftlichen Rückschlägen.

Auch unsere Sozialleistungen für Mitarbeiter spiegeln den Gedanken der Gemeinsamkeit wider. Diese Programme sind je nach Standort der Niederlassungen verschieden; sie alle sind auf die Landesgesetze und jeweiligen Traditionen zugeschnitten.

In den Vereinigten Staaten und in vielen anderen Ländern gibt es ein Aktienkaufprogramm für die Mitarbeiter, und sie sind am Gewinn beteiligt. US-Mitarbeiter mit mehr als halbjähriger Unternehmenszugehörigkeit kommen in den Genuß einer Gewinnbeteiligung und erhalten jedes Jahr einen Geldbetrag, der aus dem Ertrag vor Steuern errechnet wird. Diese Zahlungen haben sich im Lauf der Jahre zwischen 4,1 Prozent und 9,9 Prozent des Grundgehalts bewegt. Da das Unternehmen stets einen Gewinn erwirtschaftet hat, war das Programm seit seiner Einführung in den fünfziger Jahren ununterbrochen in Kraft.

Gemeinsamkeit einer völlig anderen Art demonstriert ein Vorfall aus dem Jahre 1970. Aufgrund einer Abschwächung der Konjunktur in den USA blieb die Zahl der Aufträge deutlich hinter unseren Produktionsmöglichkeiten zurück. Wir mußten einen 10prozentigen Personalabbau in Betracht ziehen. Doch wir wählten einen anderen Weg und verzichteten auf Entlassungen: Wir ließen unsere Belegschaft nur noch an neun Tagen in zwei Wochen arbeiten – eine 10prozentige Kürzung der Arbeitsleistung, der eine Gehaltskürzung in gleicher Höhe entsprach. Diese Maßnahme betraf sämtliche US-Fabriken sowie das gesamte Topmanagement und Mitarbeiter der Konzernzentrale. Nach einem halben Jahr hatte sich die Auftragslage gebessert, und die volle Arbeitswoche wurde wieder eingeführt. Nicht wenige empfanden die verlängerten Wochenenden als sehr angenehm, auch wenn sie den Gürtel etwas enger schnallen mußten. Dank dieses Programms wurde die Last der Rezession von allen gemeinsam getragen, niemand wurde entlassen, und als sich die Geschäftslage besserte, war unsere hochqualifizierte Belegschaft noch vollzählig vorhanden.

Ich möchte jedoch nicht verhehlen, daß diese Maßnahme eine Reaktion auf eine vorübergehende Talsohle war, deren Ende innerhalb von ein oder zwei Jahren mit hoher Wahrscheinlichkeit abzusehen war. Es war eine kurzfristige Lösung für ein kurzfristiges Problem, die aber keineswegs eine Garantie für absolute Arbeitsplatzsicherheit darstellt.

Seit 1970 hat es natürlich weitere Wirtschaftskrisen gegeben – in den USA und in den meisten anderen Ländern auch. Im allgemeinen überstanden wir diese Rezessionen durch

Produktionsverlagerungen in andere geographische Gebiete und manchmal durch Kurzarbeitsprogramme. Anfang der neunziger Jahre zeigte sich aber für Hewlett-Packard, wie für viele andere Unternehmen, die Notwendigkeit zum Stellenabbau. Allerdings hielt sich die Verringerung des Personalbestands bei uns im Vergleich zu den meisten Unternehmen – vor allem der Computerbranche – in annehmbaren Grenzen. Wir hatten schon vorher Schritte zur Reduzierung der Konzernbürokratie und zu stärkerer Dezentralisierung eingeleitet. Den Großteil unseres Personalabbaus konnten wir durch Frühpensionierungen und freiwillige Kündigungen erreichen, in deren Rahmen die Beteiligten eine großzügige finanzielle Abfindung erhielten.

Der rasche Wandel in der Technologie macht Weiterbildungsmaßnahmen zu einer absoluten Notwendigkeit für unsere Mitarbeiter. Viele der vom Unternehmen geförderten Fortbildungsprogramme beziehen sich auf bestimmte technische Bereiche, während andere allgemeinere Fertigkeiten vermitteln. Als Unternehmen geben wir jährlich rund 200 Millionen Dollar für Weiterbildung und Schulung unserer Mitarbeiter aus. Dazu kommen die Kosten für die Freistellung von der Arbeit und die Unterstützung für den Besuch externer, tätigkeitsbezogener Kurse in Höhe von rund 300 Millionen Dollar. Ein Teil dieser Ausgaben betrifft Studien, die oft auf einen höheren Abschluß ausgerichtet sind.

Für manche bedeutet Weiterbildung ein unnötiges Opfer, andere sehen in ihr die Chance, einen besseren Beitrag zu leisten und persönliche Befriedigung zu erreichen. Zum Glück hat bei Hewlett-Packard immer schon die zweite Auffassung vorgeherrscht. Die überwiegende Mehrheit unserer Mitarbeiter hat den Wert von Ausbildung und persönlicher Weiterentwicklung erkannt. Und sie sehen darin nicht nur eine Möglichkeit zur Förderung ihrer Karriere, sondern auch die Chance für einen wichtigen Beitrag zum Fortschritt des Unternehmens.

Von den ersten Anfängen des Unternehmens bis heute

haben Bill und ich großes Vertrauen in unsere Mitarbeiter gesetzt. Wir erwarten von ihnen Offenheit und Ehrlichkeit im Umgang mit anderen, und wir glauben an ihre Bereitschaft, Verantwortung zu übernehmen.

Schon sehr früh in meinem Berufsleben habe ich erfahren, was es bedeutet, wenn ein Unternehmen seinen Mitarbeitern nicht vertraut. Als ich in den späten dreißiger Jahren für General Electric in Schenectady arbeitete, machte das Unternehmen sehr viel Wind um die Werkssicherheit. Besonderes Augenmerk richtete GE auf die Überwachung der Behälter für Werkzeuge und Ersatzteile, damit ja keiner der Mitarbeiter etwas stahl. Diese offensichtliche Zurschaustellung von Mißtrauen wirkte wie eine sich selbst erfüllende Prophezeiung: Die Mitarbeiter ›bewiesen‹, daß das Mißtrauen berechtigt war und nahmen bei jeder sich bietenden Gelegenheit irgendwelche Werkzeuge oder Teile mit. Am Ende waren die Werkzeuge und Teile von General Electric über die ganze Stadt verstreut – zum Beispiel im Speicher des Hauses, in dem wir wohnten. Wir hatten so viele Geräte dort oben, daß die Lichter in der ganzen Straße schwächer wurden, wenn wir sie einschalteten.

So kurios es klingen mag, viele dieser Werkzeuge und Teile wurden von ihren ›Besitzern‹ zur Arbeit an aufgabenbezogenen Projekten oder für Hobbys verwendet, die zur Verbesserung ihrer Fähigkeiten und damit ihrer Arbeitsleistungen geeignet waren.

Als Hewlett-Packard begann, waren diese Eindrücke noch frisch, und ich faßte den Entschluß, unsere Ersatzteilbehälter und Lagerräume stets unverschlossen zu halten. Manchmal dringt die Botschaft jedoch nicht bis zu jedem vor, wie ein Vorfall einige Jahre später zeigte. Als Bill Hewlett an einem Wochenende zum Arbeiten in die Fabrik kam, ging er zunächst in einen Lagerraum, um ein Mikroskop zu holen. Da er den Geräteraum verschlossen vorfand, brach er das Schloß auf und hinterließ eine Nachricht, daß der Raum nicht wieder abgesperrt werden sollte.

Offene Lagerräume und Teilebehälter waren für Hewlett-Packard aus zwei Gründen von Vorteil: In praktischer Hinsicht half der problemlose Zugang zu benötigten Teilen den Produktentwicklern und anderen, die neue Ideen am Abend oder am Wochenende zu Hause ausprobieren wollten. Darüber hinaus waren die unverschlossenen Behälter und Räume auch ein Symbol des Vertrauens, das ja auch im Mittelpunkt der Unternehmensphilosophie von HP steht.

Diese Politik der offenen Lager gilt auch heute noch. Zwar ist der Zutritt zum Produktionslager begrenzt, aber die Laborlager (eine relativ kleine Menge unserer besten Teile und Geräte) sind immer noch für alle zugänglich.

Flexible Arbeitszeit

Das in der Öffentlichkeit vielleicht bekannteste Beispiel für Vertrauen bei Hewlett-Packard ist das Gleitzeitprogramm des Unternehmens. Es wurde 1967 in unserem Werk in Böblingen eingeführt, und soweit ich weiß, waren wir eines der ersten Unternehmen in den USA, die auf flexible Arbeitszeit setzten. Mittlerweile ist dieses System nicht nur bei HP, sondern in der gesamten Industrie verbreitet. Im Rahmen des HP-Programms kann ein Mitarbeiter sehr früh, aber auch erst um 9 Uhr zur Arbeit kommen und dann nach der vorgeschriebenen Zahl von Stunden nach Hause gehen. Dieses Programm ist sicherlich nicht für alle Tätigkeiten geeignet, aber doch für die meisten.

Nach meiner Auffassung sind flexible Arbeitszeiten ein wesentlicher Ausdruck der Achtung und des Vertrauens gegenüber Mitarbeitern. Sie zeigt, daß man die Privatsphäre des einzelnen respektiert und ihm auch zutraut, zusammen mit seinem Vorgesetzten und seiner Arbeitsgruppe eine für alle Beteiligten praktikable und faire Zeiteinteilung zu finden.

Toleranz gegenüber verschiedenen Bedürfnissen einzelner bildet ein weiteres Element des ›HP-Way‹. Mitunter kommt es bei Mitarbeitern zu problematischen Lebenssituationen, die ihre Leistung und ihr Engagement beeinträchtigen. Unter solchen Umständen ist es wichtig, den Betroffenen mit Sensibilität und Verständnis zu begegnen.

Viele Unternehmen vertreten den Grundsatz, daß ein Mitarbeiter, der von sich aus kündigt, für eine Wiedereinstellung nicht in Frage kommt. Im Lauf der Jahre haben manche unserer Mitarbeiter gekündigt, weil sie anderswo bessere Möglichkeiten sahen. Aber wenn sie nicht gerade für einen direkten Konkurrenten gearbeitet oder schlechte Leistungen gezeigt haben, dann werden wir sie immer mit offenen Armen wiederaufnehmen. Sie kennen das Unternehmen, müssen nicht neu geschult werden und bringen durch die zusätzliche Arbeitserfahrung oft eine bessere Motivation mit. Vor einigen Jahren kündigte einer unserer höheren Manager, um eine berufliche Chance bei einem anderen Unternehmen wahrzunehmen. Später kehrte er wieder zurück, und obwohl er einige Jahre weggewesen war, hatte er sich schnell wieder eingefügt und übernahm bis zu seiner Pensionierung immer mehr Verantwortung im Management.

Einige Mitarbeiter haben Hewlett-Packard verlassen und erfolgreiche eigene Unternehmen gegründet. Es gibt mindestens ein Dutzend solcher Firmen, die mittlerweile mehr als 40 000 Menschen beschäftigen. Ärgern wir uns darüber, daß sie gekündigt haben? Ganz im Gegenteil, Bill und ich verstehen und respektieren ihren Unternehmergeist, und wir sind stolz darauf, daß sie früher für uns gearbeitet haben und jetzt so erfolgreich sind. Wir sehen uns bestätigt durch die Tatsache, daß sie in ihren Unternehmen viele der Führungsprinzipien und Praktiken von HP übernommen haben.

Kapitel 10

Das Wachstum des Unternehmens

Eine Organisationsstruktur sollte flexibel sein, um auf die wechselnden Anforderungen im Unternehmen und auf Veränderungen des Marktes reagieren zu können.

Bei Hewlett-Packard haben wir uns bis weit in die fünfziger Jahre nicht besonders intensiv mit organisatorischen Fragen befaßt. Dazu bestand auch keine Notwendigkeit. Wir verfügten über ein ausgewogenes Angebot verwandter Produkte, die an einem Ort entwickelt und hergestellt und über ein etabliertes Vertriebsnetz verkauft wurden. Das Unternehmen selbst mit seinen Leitern für Marketing, Fertigung, Forschung und Entwicklung sowie Finanzen war stark zentralistisch organisiert. Angesichts des stetigen Wachstums und einer größer werdenden Produktbandbreite erkannten Bill und ich, daß wir dezentralisieren mußten, um auch weiterhin den Schwerpunkt auf individuelle Verantwortung und Leistung setzen zu können. Zudem machten wir uns Sorgen, daß das Persönliche am ›HP-Way‹ verlorengehen könnte.

Die Aufgliederung in Divisionen vollzog sich zuerst in unserem Labor für Produktentwicklung. Diese wurde, wie bereits erwähnt, in vier Gruppen aufgeteilt, von denen jede die Verantwortung für eine Produktfamilie übernahm und unter der Leitung eines Managers stand, der Barney Oliver, dem Vizepräsidenten für Forschung und Entwicklung, Bericht erstattete. Das war 1957. Als Folge unserer geographischen Expansion, die zur Gründung von Niederlassungen in Colorado und Deutschland führte, und aufgrund von Übernahmen neuer Unternehmen ergaben sich rasch weitere Aufgliederungen.

Mitte der sechziger Jahre hatten wir bereits mehr als ein Dutzend Divisionen, die als in sich geschlossene Organisationen ohne Unterstützung von außen für die Entwicklung, Herstellung und den Vertrieb ihrer eigenen Produkte verantwortlich waren. Oberstes Ziel bei der Einrichtung dieser Divisionen war es, ihnen allen weitreichende Autonomie zu geben, um eine Umgebung zu schaffen, die die Motivation, Initiative und Kreativität des einzelnen fördert und einen möglichst großen Freiraum für die Arbeit an gemeinsamen Zielsetzungen läßt. Wir wollten Bürokratie vermeiden und dafür sorgen, daß Lösungen nach Möglichkeit auf der Ebene erarbeitet werden, auf der die Probleme auftreten. Wir wollten auch erreichen, daß jede Division das Vertrauen, die Fürsorge und die Kommunikation bewahren und pflegen konnte, die für die Firma in den ersten Jahren charakteristisch waren.

Im Lauf der Jahre haben Bill Hewlett und ich immer wieder über die optimale Größe eines Unternehmens nachgedacht. Wachstum nur um des Wachstums willen hielten wir für falsch. Entscheidende Bedeutung hatte kontinuierliches Wachstum für uns im Hinblick auf die Einhaltung unserer Ziele und die Wahrung unserer Wettbewerbsfähigkeit. In einem Bereich fortschreitender und rasch sich verändernder Technologien verliert man zwangsläufig an Boden, wenn man nichts tut. Darüber hinaus sind wir auf besonders kompetente Mitarbeiter angewiesen, für die wir nur attraktiv sind, wenn das Unternehmen umfangreiche Möglichkeiten für eine persönliche Weiterentwicklung und entsprechende Aufstiegsmöglichkeiten bietet.

In den späten fünfziger Jahren zeichnete sich die Notwendigkeit zur Diversifizierung ab. Wir wurden in den meisten wichtigen Marktsegmenten der Meßgerätebranche zum bedeutendsten Anbieter. Aber das jährliche Wachstum dieser Segmente betrug insgesamt nur 6 Prozent, während sich unser Wachstum dank unserer Gewinne auf 22 Prozent belief. Es lag auf der Hand, daß sich eine solche Wachstumsrate

Von links nach rechts: Bill Hewlett, Barney Oliver und Lee De Forest, der Erfinder der Vakuumröhre, im HP-Labor, 1957.

ohne Diversifizierung nicht aufrechterhalten ließ. 1961 gründeten wir ein angegliedertes Unternehmen, HP Associates, das sich mit Forschung und Entwicklung in der Halbleitertechnologie befassen sollte. 1966 kam die Gründung von HP Laboratories hinzu, ein Zentrallabor für anwendungsorientierte Grundlagenforschung, die dem Unternehmen neue Technologien und damit neue Möglichkeiten zur Produktdiversifizierung eröffnen sollten.

Wachstum durch Übernahmen

Eingedenk der Warnung, daß mehr Unternehmen an Verstopfung sterben als an Hunger, waren Bill und ich immer dagegen, Hewlett-Packard zu einem Mischkonzern zu machen. In den sechziger Jahren ergaben sich jedoch mehrere

Gelegenheiten zur Übernahme von Unternehmen, deren Technologien und Produkte zu unseren paßten. Unsere erste Übernahme erfolgte im Jahre 1958. Es handelte sich um die in Pasadena, Kalifornien, ansässige F. L. Moseley Company, deren XY-Schreiber und andere Instrumente eine gute Ergänzung unseres Produktsortiments darstellten. Das Unternehmen war von Francis Moseley gegründet worden, einem kreativen Ingenieur, der später ein sehr geschätztes Mitglied unseres Vorstands wurde. Seine Führungsphilosophie und sein Managementstil ähnelten sehr dem unseren.

Die größte von uns in den sechziger Jahren übernommene Firma war die Sanborn Company in Waltham, Massachusetts. Sanborn beschäftigte 950 Mitarbeiter und erzielte einen Jahresumsatz von mehr als 16 Millionen Dollar. Das Unternehmen produzierte Test- und Meßinstrumente für den Einsatz im medizinischen Bereich, zum Beispiel Elektrokardiographen. Die durch Aktienaustausch vollzogene Übernahme bot uns einen Zugang zum medizinischen Bereich, der sich für HP zu einem bedeutenden Markt entwickelte. Später erwarben wir das kleinere Unternehmen F&M Scientific und erschlossen uns dadurch auf ähnliche Weise den Markt für chemische Analyseinstrumente.

Der Nutzen von Übernahmen zum Erwerb neuer Technologien und zur Erschließung neuer Märkte steht außer Frage. Allerdings ergeben sich dabei auch Probleme. An erster Stelle steht die Schwierigkeit, zwei Unternehmenskulturen und Führungsstile miteinander zu verbinden. Verständlicherweise tut sich das Management einer übernommenen Firma schwer damit, seine Unabhängigkeit aufzugeben. Und umgekehrt stellt das Unternehmen, das ein anderes übernimmt, oft fest, daß weit mehr Beratungsaufwand und Hilfestellung erforderlich ist, als ursprünglich erwartet.

Ich denke dabei an die Probleme, die eine Übernahme Mitte der sechziger Jahre verursachte. Es handelte sich um die Firma Autodynamics mit Hauptsitz in Sacramento, Kalifornien. Das Unternehmen hatte sich auf den Einsatz von

Ultraschall zur Mängelfindung in Metall spezialisiert. Das war noch vor dem Einsatz von Ultraschall in der Medizin. Ein Produkt des Unternehmens, ein Gestell vollgepackt mit Elektronik, trug den Namen Mustang. In der Mitte des Gestells hatte man einen Metallmustang angeschraubt, der von dem damals neuen Ford Mustang stammte. Beim Anblick des auffälligen Chrompferdchens dachte ich sofort, daß das nicht so recht zur Auffassung unserer Produkte paßte, die wir als wissenschaftliche Instrumente betrachteten.

Aber es kamen noch andere Probleme hinzu. Dieses Unternehmen hatte den Auftrag bekommen, Ultraschallgeräte zur Kontrolle von Raketengehäusen herzustellen. Mit der Firma hatten wir diesen Auftrag übernommen und fanden bald heraus, daß das System diese Aufgabe nicht erfüllen konnte. Mit Geld und dem technischen Know-how von HP Laboratories konnten wir den Auftrag zwar retten, aber nach ungefähr acht Monaten schlossen wir den ganzen Betrieb.

Veränderungen in der Verkaufsorganisation

In den sechziger Jahren führten wir weitere organisatorische Veränderungen durch, die den Vertrieb unserer Produkte in den Vereinigten Staaten betrafen. Seit den Anfängen unseres Unternehmens wurden unsere Produkte im ganzen Land über ein Netz von Vertriebsfirmen verkauft. Diese Firmen, es waren ungefähr zehn, vertraten und verkauften neben den Produkten von HP auch noch die Produkte anderer Hersteller, jedoch nicht die unserer Konkurrenz.

Dieses Arrangement hatte sich bewährt, doch zu Beginn der sechziger Jahre traten aufgrund des raschen Wachstums von Hewlett-Packard die ersten Probleme auf. Der Verkauf unserer Produkte machte einen immer größeren und in einigen Fällen sogar unverhältnismäßigen Anteil am Umsatz der Vertriebsfirmen aus. Dazu kam, daß die wachsende Diversifizierung unserer Produktlinien die Gefahr von Wettbewerbskonflikten innerhalb dieser Firmen erhöhte. Kurzum: Die Zeit war gekommen, eine eigene Vertriebsorganisation zu schaffen. Wir brachen die Verbindung zu unseren Vertretungen jedoch nicht einfach ab, sondern machten den meisten von ihnen den Vorschlag, als Vertriebsabteilungen von Hewlett-Packard weiterzuarbeiten. Die Reaktion war positiv, und praktisch alle angesprochenen Firmen waren mit der Übernahme, durch Kauf oder Aktienaustausch, einverstanden. Noel Eldred, unser Marketingleiter, hatte mit diesen Firmen schon mehrere Jahre zusammengearbeitet und spielte eine wichtige Rolle bei diesen Verhandlungen.

Ich habe bereits erwähnt, daß wir Mitte der sechziger Jahre mehr als ein Dutzend selbständige Divisionen hatten, die jeweils für die Entwicklung, Herstellung und Vermarktung ihrer eigenen Produkte zuständig waren. Die Übernahme der Vertriebsfirmen führte dazu, daß eine weitere Gruppe der Zentrale in Palo Alto unterstellt war. Auch unsere internationalen Aktivitäten wurden intensiver. In Europa bauten wir unseren eigenen Vertrieb mit Hauptsitz in Genf auf und produzierten in Deutschland und England. In Japan startete unser Joint-Venture. Innerhalb einiger weniger Jahre entwickelten wir uns von einem stark zentralisierten Unternehmen mit einem relativ engen Gesichtskreis zu einem Unternehmen mit vielen, weltweit verteilten Divisionen und Aktivitäten. Auch unser Produktsortiment hatte sich in seinem Umfang und in seiner Vielfalt beträchtlich vergrößert.

Diese Entwicklung stellte uns vor einige heikle Managementaufgaben. Dazu gehörte zum Beispiel die Besetzung der Führungspositionen in den neuen Betrieben. Dank unserer Einstellungsbemühungen und unserer Ausbildungsprogramme hatten wir dabei Erfolg, nicht zuletzt auch deswegen, weil wir innerhalb von HP genügend qualifizierte Leute hatten.

Trotz der wachsenden Dezentralisierung blieben unsere Ziele und Grundsätze im Kern unverändert. Zu dieser Zeit befaßten wir uns noch überwiegend mit der Herstellung von vielseitig verwendbaren Meßgeräten, und unser Wachstum resultierte fast ausschließlich aus neuen Produkten. Wir beschränkten uns nach wie vor auf die technischen Bereiche, in denen wir nach unserer Meinung einen guten Beitrag leisten konnten, und übernahmen keine Projekte nur um des Wachstums willen.

Mit den Jahren wuchsen einige unserer älteren Divisionen zu einer beträchtlichen Größe. Sie stellten viele verschiedene Produkte her und beschäftigten bis zu 1500 Mitarbeiter. Wenn dieser Punkt erreicht ist, sind die Kommunikationswege an der Grenze der Belastbarkeit angelangt, die Führung wird schwieriger, und die Mitarbeiter hören allmählich auf, sich mit den Produkten zu identifizieren und stolz auf ›ihre‹ Arbeit zu sein. Wir stellten daher den noch immer gültigen Grundsatz auf, bei Erreichen dieser Größenordnung einen Teil der Division abzuspalten, ihm die Verantwortung für eine eingeführte und gewinnbringende Produktlinie zu übertragen und ihn auszulagern. Diese ›lokale Dezentralisierung‹, wie man sie vielleicht nennen könnte, ist mit großem Erfolg praktiziert worden – in Kalifornien, Colorado, Massachusetts und praktisch überall, wo wir größere Niederlassungen haben.

In schnell wachsenden Unternehmen kommt es oft zu organisatorischen Veränderungen. Im Fall von Hewlett-Packard vollzog sich der nächste Übergang 1968. Aufgrund der steigenden Zahl von Divisionen und Produktlinien nahmen wir allmählich eine Gruppenstruktur an. Zu diesem Zweck wurden Divisionen mit verwandten Produktlinien und Märkten organisatorisch zu einer Gruppe zusammengefaßt, geführt von einem Gruppenmanager mit einem kleinen Stab. Jede Gruppe war verantwortlich für die Koordinierung der Tätigkeiten der einzelnen Divisionen sowie für deren finanziellen Erfolg. Dabei hatten wir zwei Ziele im Auge: bessere Kooperation zwischen den Einheiten in der Alltagsarbeit und Entlastung des Topmanagements durch Dezentralisierung. Ein Teil der Planung und anderer Funktionen, die vorher von den Bereichsleitern in der Zentrale wahrgenommen worden waren, sollten von nun an in die Zuständigkeit der neuen Gruppen fallen.

Die Gruppenstruktur erstreckte sich auch auf den Vertrieb, da es für den einzelnen Verkäufer nahezu unmöglich war, das gesamte Sortiment von HP-Produkten zu verstehen und zu verkaufen. Nach der Neuordnung wurde der Verkaufsingenieur zum Vertreter einer Gruppe und betreute ausschließlich deren Produkte.

Gegenüber unseren Mitarbeitern betonte ich, daß der Übergang zur Gruppenstruktur kein Abrücken von unserer traditionellen Managementphilosophie bedeutete. Von Anfang an meinten wir, daß Gruppen die Verantwortung für spezifische Tätigkeitsbereiche übernehmen sollten – und zwar mit großem Spielraum für eigene Pläne und Entscheidungen. Unsere neue Organisationsform stellte dieses Grundkonzept nicht in Frage, sondern stärkte es. Anfang der neunziger Jahre hatte Hewlett-Packard fünfundsechzig Divisionen, die in dreizehn Produktgruppen organisiert waren.

Die Gefahren der Zentralisierung

Viele Führungskräfte sind mit einem Lob für das Konzept der Dezentralisierung schnell bei der Hand. Aber wenn es um ihr eigenes Unternehmen geht, zögern sie mit der Einführung. Vielleicht ist die Vorstellung, einen Teil der eigenen Macht abgeben zu müssen, einfach beunruhigend. Aus eigener Erfahrung kann ich bestätigen, daß auch weitgehend dezentralisierte Unternehmen ein waches Auge auf Zentralisierungstendenzen haben sollten.

Auch Hewlett-Packard wurde in dieser Hinsicht auf eine schwere Probe gestellt. Als sich in den siebziger Jahren abzeichnete, daß sich unsere Geschäftstätigkeit künftig stärker auf Computer und verwandte Produkte konzentrieren würde, begannen sich viele HP-Manager am Beispiel IBM zu orientieren. IBM war sehr stark zentralistisch aufgebaut, und viele hielten das für den richtigen Weg. Ein weiterer Faktor, der den Trend zur Zentralisierung verstärkte, waren die neuen Anforderungen des Computergeschäftes. Vor dem Eintritt in den Computermarkt gab es innerhalb der HP-Organisation dezentralisierte Divisionen, die für genau abgegrenzte Produktlinien verantwortlich waren und relativ selbständig arbeiteten. Diese auf den Meßgerätemarkt zugeschnittene Struktur hatte sehr gut funktioniert, und manche dachten, sie lasse sich mit gleicher Effektivität auch auf den Computerbereich übertragen.

Aber gegen diese Ansicht sprachen zwei grundsätzliche Merkmale der Computerbranche. Eines davon war der Softwarebereich, der grundlegend neu für HP war: Wie produziert man Software? Wie wird sie organisatorisch eingeordnet? Welche Art von Mitarbeitern und Fähigkeiten werden benötigt? Der zweite Punkt war der Systemcharakter der Computerbranche: Viele Elemente – Software, Zentraleinheit, Peripherie, Betriebssysteme – werden zu Systemen zusammengebaut und durch einen guten Kunden- und Wartungsdienst unterstützt. Es hängt also sehr viel von guter Koordination ab.

Hewlett-Packard reagierte mit verschiedenen Organisationsformen auf diese Herausforderung. Es gab Divisionen, Gruppen, dann Task Forces und Komitees zur Verbesserung der Koordination. Mit der Zeit führten diese Anstrengungen zu einer komplizierten Bürokratie. Probleme, die eine rasche und intelligente Entscheidung erforderten, wurden von Ebene zu Ebene und von einem unbeweglichen Gremium zum nächsten weitergereicht. Entscheidungen wurden so oft um Wochen und Monate hinausgezögert.

1990 standen wir vor einer Krise. Der Prozeß der Entscheidungsfindung war von Komitees übernommen worden, und die Entscheidungen dauerten immer länger. Beispielsweise sollte das Computer Business Executive Committee, ein zentrales Komitee, eine bessere Zielausrichtung und Koordinierung der Computeraktivitäten erreichen. Statt dessen jedoch bremste es wesentliche Entscheidungen genau zu dem Zeitpunkt, als unser Unternehmen in den hektischen Wettbewerb der Computerbranche eintrat. Die Lähmung breitete sich auch schon auf Unternehmensbereiche aus, die mit Computern überhaupt nichts zu tun hatten. Und es war kein Geheimnis, daß wir schwer zu kämpfen hatten; der Aktienpreis war auf 25 Dollar gefallen.

Zu dieser Zeit waren Bill Hewlett und ich zwar noch im Vorstand aktiv, nahmen aber nicht mehr an der Führung der Alltagsgeschäfte des Unternehmens teil. Dennoch konnten uns die Probleme nicht entgehen. Dank unserer langjährigen Politik der offenen Tür erhielten wir Besuche von besorgten HP-Managern und auch immer mehr Briefe von beunruhigten Mitarbeitern. Nach einiger Zeit machten Bill und ich systematisch Besuche in HP-Werken und befragten Mitarbeiter aller Ebenen, um herauszufinden, was wirklich vorging.

Schließlich fanden wir heraus, was zu tun war. Es gab zu viele Managementebenen im Unternehmen. Wir bauten sie ab. Wir beriefen Lew Platt, einen fähigen jüngeren Manager, zum Geschäftsführer. Sein Vorgänger John Young – unter dessen Leitung sich das explosive Wachstum des Unternehmens von den späten siebziger bis in die achtziger Jahre vollzogen hatte – war Mitglied der Gruppe, die Lew wählte. (1993 wurde Platt zum Vorsitzenden des Vorstands von Hewlett-Packard gewählt.)

Das Computer Business Executive Commitee und mit ihm ein Großteil der Bürokratie wurden aufgelöst. Entscheidend war jedoch, daß die Computerleute größere Freiheit zur Gestaltung eigener Pläne und Entscheidungen erhielten, was die Flexibilität und Beweglichkeit des gesamten Unternehmens beträchtlich erhöhte.

1993 war der Preis für unsere Aktien wieder auf 70 Dollar gestiegen. Ein Aktien-Split wurde 1996 durchgeführt. Der Kurs der HP-Aktie lag am 14. 1. 1998 bei DM 117,–.

HP-Systeme enthalten immer mehr Produkte verschiedener Gruppen und Divisionen. Trotz starker Dezentralisierung müssen sich die Mitarbeiter stets darüber im klaren sein, daß die Kooperation zwischen Individuen und koordinierte Anstrengungen zwischen den Werken unabdingbare Voraussetzung für Wachstum und Erfolg sind. Obwohl wir die zentrale Leitung bei Hewlett-Packard auf ein Minimum beschränken, sehen wir uns doch als ein Unternehmen mit der Flexibilität eines kleinen und den Stärken eines großen Unternehmens und der Fähigkeit, Mittel und Dienste des gesamten Unternehmens in Anspruch zu nehmen; gemeinsame Standards und Werte; einheitliche Vorgaben und Ziele; und weltweit eine einzigartige Kultur und Identität.

Kapitel 11

Das Management des Unternehmens

Keine Managementstrategie hat soviel zum Erfolg von Hewlett-Packard beigetragen wie die ›Führung durch Zielsetzung‹ (Management by objective = MBO). Obwohl der Begriff im Geschäftsleben relativ neu ist, war das Konzept an sich seit den frühen Tagen unseres Unternehmens ein grundlegender Bestandteil unserer Arbeitsphilosophie.

MBO ist das Gegenteil einer Unternehmensführung durch Kontrolle, die ein straffes Management nach militärischem Muster darstellt. In diesem Modell werden den Mitarbeitern bestimmte Aufgaben zugewiesen, die sie nach genauen Anweisungen, aber ohne Kenntnis der Gesamtziele des Unternehmens zu erledigen haben. MBO hingegen ist ein System, in dem die Gesamtziele klar formuliert sind und einhellig vertreten werden und das den Mitarbeitern genügend Spielraum gibt, in ihrem Verantwortungsbereich nach eigenem Ermessen auf diese Ziele hinzuarbeiten. Es ist die Philosophie der Dezentralisierung von Managementaufgaben und der eigentliche Kern des freien Unternehmens.

Immer mehr Unternehmen erkennen die handfesten Vorteile der Dezentralisierung und von MBO. Und sie stellen fest, daß die Zusammenarbeit unter gemeinsamen Zielsetzungen und in einer Atmosphäre individueller Freiheit kein neues Konzept ist. Schon vor mehr als zweitausend Jahren hat dies der Kampf Athens gegen Sparta bewiesen. Zahllose Beweise aus der Geschichte und aus der heutigen Arbeitswelt sprechen dafür, daß ein Unternehmen, das Einzelinitiativen ermöglicht und unterstützt, mehr leistet als eine Firma, die nur mit Anweisungen und strengen Kontrollen arbeitet.

Allerdings darf man nicht übersehen, daß eine erfolgreiche Einführung von MBO auf Gegenseitigkeit beruht. Die Manager auf allen Ebenen müssen ganz sicher sein, daß ihre Mitarbeiter die Gesamtziele des Unternehmens und die Einzelziele ihres Teams oder ihrer Abteilung genau begriffen haben. Manager haben daher die Verpflichtung, gute Kommunikation und gegenseitiges Verständnis zu fördern. Umgekehrt müssen sich die Mitarbeiter so stark für ihre Aufgaben interessieren, daß sie Pläne entwickeln, neue Lösungen für Probleme vorschlagen und eingreifen, wenn sie etwas beitragen können.

Der bekannte Managementberater Peter Drucker spricht in der Frühjahrsausgabe 1993 der *Harvard Business Review* von der ›postkapitalistischen Gesellschaft‹. In diesem neuen sozialen und ökonomischen Umfeld werden die Manager, so Drucker, »lernen müssen, Situationen zu bewältigen, in denen sie keine Befehlsgewalt haben und in der es weder Kontrollierte noch Kontrollierende gibt.« Und später fährt er fort: »In der traditionellen Organisation – der Organisation der letzten hundert Jahre – bestand das Gerüst der internen Struktur aus einer Kombination von Rang und Macht. In der entstehenden Organisation muß dieses Gerüst aus gegenseitigem Verständnis und Verantwortung bestehen.«

Obwohl Hewlett-Packard wohl kaum ein ›entstehendes‹ Unternehmen ist, sind ›gegenseitiges Verständnis und Verantwortung‹ die wesentlichen Merkmale des bei uns praktizierten Managementstils.

Manager müssen sicher sein, daß ihre Mitarbeiter die Gesamt- und Einzelziele ihrer Abteilung verstehen. Es ist aber genauso wichtig, daß die Manager die Arbeit ihrer Gruppe genau kennen und begreifen. Damit kommen wir zu einer von Fachleuten seit vielen Jahren geführten Debatte. Manche meinen, daß gute Manager alles managen können; sie können gute Führungsarbeit leisten, ohne zu wissen, was sie managen. Nur die Führungsqualitäten an sich zählen.

Ich möchte nicht unbedingt abstreiten, daß dieser Führungsstil möglich ist, behaupte jedoch, daß ein Manager die *besten* Leistungen erreicht, wenn er die betreffende Arbeit wirklich kennt. Wie will ein Manager denn wissen, welche Standards er beachten, welche Leistungen er verlangen und wie er Resultate beurteilen soll, wenn er nicht wenigstens bis zu einem gewissen Grad mit der Arbeit vertraut ist, die er zu überwachen versucht? Wir haben uns bei Hewlett-Packard immer an diesen Grundsatz gehalten, und daran wird sich hoffentlich auch in Zukunft nichts ändern.

In unserem Unternehmen gibt es eine Methode, die Managern und Vorgesetzten hilft, ihre Mitarbeiter und deren Arbeit kennenzulernen. Es ist das ›Management by Walking around‹ (›Management durch Herumgehen‹). Diesen sehr treffenden Begriff hat vor Jahren einer unserer Manager geprägt, aber die Methode selbst geht zurück auf meine Zeit bei General Electric.

Die Lösung des Ignitron-Problems

Weiter oben habe ich bereits die Erfahrungen während meiner Tätigkeit in der Vakuumröhrenabteilung von General Electric geschildert. Es gab Probleme bei der Herstellung von Ignitrons, und ich erhielt die Aufgabe, die Gründe für das Ausfallen so vieler Röhren zu suchen.

Ich beschloß, so viel wie möglich über die Fehlerursachen herauszufinden und mich überwiegend in der Fertigung aufzuhalten. Nur so konnte ich sichergehen, daß jeder Schritt des Fertigungsprozesses korrekt ausgeführt wurde. In mehreren Fällen stellte ich fest, daß die schriftlichen Anweisungen für die Arbeiter völlig unzureichend waren. Ich arbeitete bei jedem Arbeitsgang eng mit ihnen zusammen, um Fehler auszuschließen. Diese gewissenhafte Beachtung von Details zahlte sich aus, und jede Röhre der nächsten Serie bestand den Endtest.

Im nachhinein kann ich sagen, daß die gemeinsame Arbeit am Ignitron-Problem einen nachhaltigen Einfluß auf die Managementpolitik bei Hewlett-Packard hatte. Es war die Geburt des Management by Walking around. Ich lernte, daß Qualität exakte Beachtung kleinster Details erfordert, daß jeder Mitarbeiter gute Arbeit leisten will, daß schriftliche Anweisungen nur selten ausreichen und daß persönlicher Einsatz eine entscheidende Rolle spielt.

Dieser Einsatz ist auf allen Ebenen des Unternehmens sehr wichtig. Auch bei meiner Tätigkeit als stellvertretender Verteidigungsminister in Washington war diese Erkenntnis für mich sehr hilfreich.

Die Praxis des Management by Walking around und des MBO hat sich im allgemeinen bei unseren Niederlassungen in Übersee genauso bewährt wie in den Vereinigten Staaten selbst. Unsere internationalen Zweigunternehmen wurden in der Regel zunächst von erfahrenen HP-Managern geleitet, die mit dem Unternehmen groß geworden waren und seine Grundsätze und Verfahren genau kannten.

Besuche von HP-Werken außerhalb der USA fanden meist einmal jährlich statt. Bill und ich waren oft persönlich anwesend. Bei diesen Besuchen haben wir stets einen Rundgang durch die Werke gemacht und dabei die Gelegenheit wahrgenommen, ein zwangloses Gespräch mit unseren Mitarbeitern zu führen und einen Blick auf ihre Arbeit zu werfen.

Politik der offenen Tür

Management by Walking around mag recht einfach klingen, aber es stellt doch einige Anforderungen. Zum einen tut sich nicht jeder Manager von seinem Charakter her leicht damit. Und wenn diese Methode widerwillig oder selten praktiziert wird, funktioniert sie mit Sicherheit nicht. Man muß sie häufig, freundlich, offen und ohne Zeitplan anwenden – aber nie ohne Sinn und Zweck. Und da sie hauptsächlich darauf zielt, die Gedanken und Meinungen der Mitarbeiter zu erkunden, muß man vor allem gut zuhören können.

Mit dem Management by Walking around verknüpft ist eine weitere zentrale Managementpraxis bei Hewlett-Packard: die Politik der offenen Tür. Wie das Management by Walking around zielt dieses System darauf, gegenseitiges Vertrauen und Verständnis zu fördern und ein Umfeld zu schaffen, in dem die Mitarbeiter unbeschwert ihre Ideen, Meinungen, Probleme und Sorgen aussprechen können.

Die Politik der offenen Tür ermuntert die Mitarbeiter, Probleme persönlicher oder beruflicher Art mit einem geeigneten Manager zu erörtern. Meistens wird dies der unmittelbare Vorgesetzte des Mitarbeiters sein. Sollte dem Betreffenden ein Gespräch mit seinem Vorgesetzten nicht geeignet erscheinen, kann er sich auch an höherrangige Manager wenden, um über Mißverständnisse oder andere Probleme zu reden. Nach unseren Erfahrungen scheuen sich Mitarbeiter nicht, Probleme oder Sorgen vorzubringen, und die Manager sind meist recht schnell in der Lage, eine zufriedenstellende Lösung zu finden. Dies setzt allerdings bei Managern und Vorgesetzten die Einsicht voraus, daß die durch diese Politik mögliche Offenheit keine negativen Folgen für den Angestellten haben darf.

Ich werde manchmal gefragt, in welchem Umfang die Politik der offenen Tür bei Hewlett-Packard angewendet wird. Sie wird sehr oft genutzt, und sowohl Bill Hewlett als auch ich haben in diesem Rahmen schon oft mit Mitarbeitern gesprochen. Dabei ging es in der Regel eher um allgemeine Fragen als um persönliche Schwierigkeiten.

Die Politik der offenen Tür hat für Hewlett-Packard einen hohen Stellenwert, weil sie den von uns gepflegten Führungsstil charakterisiert. Das heißt, daß Manager ansprechbar, offen und zugänglich sind. Jeder in unserem Unternehmen, selbst der Vorstandsvorsitzende, arbeitet in einem Großraumbüro. Diese Zugänglichkeit hat natürlich auch Nachteile, da Unterbrechungen immer möglich sind. Doch bei HP haben wir die Erfahrung gemacht, daß die Vorteile der Ansprechbarkeit die Nachteile bei weitem überwiegen. Die Politik der offenen Tür ist wichtigster Bestandteil der Philosophie des MBO. Darüber hinaus fördert und gewährleistet sie die Kommunikation von unten nach oben und umgekehrt.

Die Tatsache, daß Hewlett-Packard in den ersten achtzehn Jahren des Unternehmens auf eine Personalabteilung verzichtet hat, gilt als ungewöhnlich. Es war aber keineswegs so, daß Bill und ich von Personalabteilungen und Personalleitern nichts wissen wollten. Wir hatten vielmehr die Beziehungen zwischen unseren Managern und Mitarbeitern im Blick, für die es nach unserer Meinung unerläßlich war, daß die Manager für die Mitarbeiter zugänglich waren und auf deren Probleme und Sorgen eingehen konnten. Wir hegten die Befürchtung, daß eine Personalabteilung diese enge Beziehung zwischen Managern und Mitarbeitern gefährden könnte. Als wir 1957 schließlich doch eine Personalabteilung in der Zentrale einführten, legten wir ihre Aufgaben und Zuständigkeiten sehr genau fest. Sie sollte das Management nicht verdrängen, sondern unterstützen.

Besuchern unseres Unternehmens fällt oft eine weitere Facette des ›HP-Way‹ auf: unsere Zwanglosigkeit und das Ansprechen mit dem Vornamen. Bill und ich haben immer die Ansicht vertreten, daß wir alle in einer wirklich zwanglosen Atmosphäre effektiver und gelöster arbeiten können. Wie alle großen Unternehmen hat Hewlett-Packard Organisationspläne. Und wie in anderen wachsenden Unternehmen auch unterliegen diese Pläne einem ständigen Wandel. Wir sehen in ihnen nur einen eher allgemeinen Leitfaden zum Aufbau einer HP-Organisation, sei es eine Division, eine Gruppe oder das Unternehmen selbst. Auf keinen Fall schreiben diese Pläne den HP-Mitarbeitern die Kommunikationswege vor. Wir wollen, daß unsere Mitarbeiter in ihrem Kommunikationsverhalten nicht irgendwelchen Linien und Kästchen in einem Organisationsplan, sondern auf einfache und direkte Weise ihrer Vernunft folgen. Bei der Erledigung einer Aufgabe wird von jedem erwartet, daß er sich die benötigen Informationen dort holt, wo er sie am wahrscheinlichsten bekommt.

Es ist wichtig, daß die Leistungen der Mitarbeiter regelmäßig beurteilt werden. Und es ist gleichfalls wichtig, sie über die Leistungen ihrer Division oder Abteilung auf dem laufenden zu halten. Solche Dinge werden von HP-Managern oft bei Kaffeepausen oder anderen zwanglosen Zusammenkünften angesprochen. Mit großem Erfolg. Mitarbeiterzeitschriften, Filme und Videos sind nützliche Kommunikationsmittel, aber für die Förderung von Kooperation und Teamwork, Vertrauen und Verständnis bei den Mitarbeitern ist nichts so wirksam wie ein persönliches Gespräch.

Managementnachfolge

Eine zentrale Aufgabe der Manager besteht in der Auswahl und Ausbildung ihrer möglichen Nachfolger. Besondere Bedeutung hat die Frage der Nachfolge naturgemäß in den oberen Ebenen eines Unternehmens, wo Manager für eine große Palette komplexer Aktivitäten zuständig sind, die Ausgaben in Millionenhöhe und Anstrengungen von vielen tausend Mitarbeitern betreffen.

In den Anfangsjahren befaßten wir uns nicht näher mit der Frage der Managementnachfolge. Aber später machte das rasante Wachstum die Auswahl der für eine bestimmte Position am besten qualifizierten Person zu einer sehr viel schwierigeren Aufgabe. Umfang und Vielfalt der Tätigkeitsbereiche von Hewlett-Packard führten zu einer ähnlich großen Zunahme bei Managementpositionen und machten es unumgänglich, ein effektives Verfahren zur Auswahl von Managern zu entwickeln.

Dieses Verfahren besteht aus mehreren Elementen, aber seine Wurzeln liegen in der lange vorher schon praktizierten Politik des MBO. Dank dieses Prinzips erhalten Manager aller Ebenen Gelegenheit, ihre Fähigkeiten zu zeigen – Pläne zu erarbeiten, Entscheidungen zu treffen und zu bewerten und ihre Mitarbeiter zu führen. Manager tragen große Verantwortung, und ein besonders anschauliches Beispiel dafür bietet sicherlich die Leitung einer Division oder eines Geschäftsbereichs. Die Manager in diesen Positionen tragen aufgrund des MBO und der dezentralisierten Struktur des Unternehmens die volle Verantwortung für ihre Produktlinie und für die Gewinn- und Verlustrechnung. Im Grunde genommen leiten sie ein kleines Unternehmen – mit allen damit verbundenen Folgen. Und die meisten tun dies schon relativ früh in ihrer Karriere. So folgt eine junge Managementgeneration auf die andere, deren Angehörige alle bereits Erfahrungen in der Leitung eines HP-Werkes oder Geschäftbereichs gesammelt haben.

Wir haben uns immer darum bemüht, daß unsere Topmanager mit jüngeren Managern im Unternehmen zusammenkommen. Dies erreichten wir in der Vergangenheit unter anderem durch die Divisionsbesuche. Jede Division erhielt mindestens einmal im Jahr Besuch von Bill und mir sowie Barney Oliver, Noel Eldred und anderen Spitzenmanagern. Einen ganzen Tag lang gingen wir die Tätigkeiten der Division durch und konzentrierten uns dabei vor allem auf Programme zur Produktentwicklung. Bei diesen Besprechungen ließen wir uns sowohl vom Divisionsleiter wie auch von seinen Managern informieren. Dabei lernten wir, die Fähigkeiten jüngerer Manager einzuschätzen und zu beurteilen, wie intensiv sich ihre Vorgesetzten um Ausbildung und Entwicklung des Nachwuchses kümmerten. Ein abschließendes Abendessen bot uns zusätzlich die Möglichkeit zu einer zwangloseren Bekanntschaft mit vielen Managern der Division.

Heute ist es für das Topmanagement von Hewlett-Packard nicht mehr möglich, sich mit jeder der vielen Divisionen des Unternehmens zu einer Jahresbesprechung zu treffen. Diese regelmäßige Überprüfung hat inzwischen das Management der zuständigen Gruppe übernommen, die ihrerseits dem Topmanagement von HP berichtet. Aber auch wenn sich der

Rahmen verändert hat, die geschilderten Vorteile des Verfahrens sind bewahrt worden.

Schon vor vielen Jahren haben Bill und ich bei den Vorstandssitzungen unseres Unternehmens ein ähnliches Verfahren eingeführt. Es gehört zum normalen Ablauf jeder Vorstandssitzung, daß eine Organisation von HP, sei es eine Produktgruppe, ein Vertriebsbereich oder eine Zentralabteilung, ihren Tätigkeitsbereich vorstellt. Dadurch können sich unsere externen Vorstandsmitglieder ein besseres Bild über das Unternehmen und viele seiner Manager machen. Manchmal werden einige der höchsten Manager in den Vorstand gewählt, und da ist es wichtig, daß alle Mitglieder diese Manager und ihre Fähigkeiten schon vor ihrer Wahl kennen.

Vor kurzem hat das Unternehmen zusätzliche und stärker geregelte Methoden zur Beurteilung von Managern der mittleren Ebene und ihres Potentials für höhere Aufgaben entwickelt. Der Vorstandsvorsitzende, zur Zeit Lew Platt, trifft sich regelmäßig mit seinen Topmanagern zu einer ausführlichen Besprechung der Leistungen des Gruppenmanagements. Dabei werden für jede Gruppe Ertragsentwicklung, Nutzung und Verwaltung des Betriebes, Umsatzwachstum, Produktqualität, Kundenzufriedenheit, Personalfragen und andere Angelegenheiten erörtert, für die der Gruppenmanager die Verantwortung trägt. Lew trifft sich auch regelmäßig mit einem Komitee des Vorstands, dem Organization Review and Nominating Commitee (Überprüfungs- und Nominierungskomitee), um die Leistungen der Manager in Schlüsselpositionen zu beurteilen.

Nachfolger aus den eigenen Reihen

Ich habe immer wieder festgestellt, daß die erfolgreichsten Unternehmen Leute aus den eigenen Reihen in Spitzenpositionen befördern. Bis in die sechziger Jahre gab es bei uns kaum einen Topmanager, der nicht innerhalb des Unternehmens aufgestiegen wäre. Ein wenig änderte sich das mit unserem Eintritt in die Computerbranche. Wir brauchten Computerexperten, die zum großen Teil nur außerhalb des Unternehmens zu finden waren. Die meisten davon leisteten nicht nur wichtige Beiträge zu unserer Stärke in der Computertechnologie, sondern paßten sich auch bereitwillig an die HP-Kultur an Nur wenige taten es nicht und verließen uns wieder.

Schon lange bevor wir uns aus der Geschäftsleitung zurückzogen, dachten Bill und ich über unsere Nachfolge nach. Aus vielen Gründen fiel unsere Wahl auf John Young, der 1977 zum Präsidenten berufen wurde. Bill blieb zunächst als Geschäftsführer und ich als Vorstandsvorsitzender. 1978 zog sich Bill von dieser Position zurück, und John übernahm zusätzlich die Funktionen des Geschäftsführers. Er leistete hervorragende Arbeit und hatte diese doppelte Position bis 1992 inne, als er sich mit sechzig in den Ruhestand begab. In dieser Übergangsphase leiteten Bill und ich die Geschäfte, bevor Lew Platt zu Johns Nachfolger gewählt wurde. Lew ist jetzt Geschäftsführer, Vorstandsvorsitzender und Präsident in einer Person.

Praktisch alle Manager, die bei Hewlett-Packard eine Spitzenposition eingenommen haben, hatten eine technische Ausbildung. John Young hat zum Beispiel einen Abschluß als Elektroingenieur, Lew Platt ist Maschinenbauingenieur. Darüber hinaus haben diese beiden von verschiedenen Tätigkeiten innerhalb des Unternehmens profitiert, die unter anderem gute Kenntnisse in den Bereichen Elektronik und Computertechnologie erforderten.

In jüngerer Zeit hatten viele der jungen Leute, die zu Hewlett-Packard kamen, zwei Abschlüsse: einen als Ingenieur und einen als MBA. Ich möchte mich nicht als Befürworter einer formalen Business-School-Ausbildung bezeichnen, aber es steht natürlich außer Frage, daß jeder Bewerber für eine wichtige Managementposition bei Hewlett-Packard sich in betriebswirtschaftlichen und finanziellen Dingen gründlich auskennen sollte.

Kapitel 12

Die Verantwortung gegenüber der Gesellschaft

Ich erinnere mich noch sehr gut an die Zeit der Depression in Pueblo, Colorado, in den dreißiger Jahren. Niemand in unserer Nachbarschaft konnte als reich gelten, aber es gab viele Familien, die praktisch überhaupt kein Einkommen hatten. Wer das Glück hatte, seine eigenen Angehörigen versorgen zu können, teilte bereitwillig mit jenen, die nicht genügend Essen und Kleider oder kein Dach über dem Kopf hatten. Diese Erfahrung hat einen bleibenden Eindruck bei mir hinterlassen und mir gezeigt, wie wichtig persönliche Anteilnahme und Fürsorge sind.

Zu den von Bill Hewlett und mir für HP gesetzten Zielen gehörte unter anderem auch die Verantwortung des Unternehmens gegenüber der Gesellschaft.

Die Verantwortung gegenüber der Gesellschaft, in der ein Unternehmen tätig ist, ist heute ein allgemein anerkannter Grundsatz der amerikanischen Geschäftswelt. Aber das war nicht immer so. Ich erinnere mich noch an eine Konferenz in den späten vierziger Jahren, an der Leute aus verschiedenen Branchen und Organisationen teilnahmen. Das Gespräch kam auf die Frage, ob Unternehmen eine andere Verantwortung haben als die, für ihre Aktionäre einen Gewinn zu erwirtschaften. Ich bejahte diese Frage mit allem Nachdruck und erklärte, daß wir eine wichtige Verantwortung gegenüber unseren Mitarbeitern, unseren Kunden, unseren Zulieferern und dem Wohl der gesamten Gesellschaft haben. Ich war überrascht und auch enttäuscht darüber, daß die meisten Anwesenden diese Meinung nicht teilten. Sie sahen ihre Verantwortung einzig und allein in der Erhöhung des Gewinns für ihre Aktionäre.

Im nachhinein denke ich, daß ich gar nicht so überrascht hätte sein müssen. In den ersten Jahrzehnten des 20. Jahrhunderts war das einzige Ziel eines Geschäftsmannes der Profit. Arbeitskräfte galten als Manövriermasse, die man auf dem Markt kaufen und wieder verkaufen konnte.

Hewlett-Packard ist heute an vielen verschiedenen Orten auf der ganzen Welt tätig. Gegenüber unseren Mitarbeitern betonen wir, daß jeder dieser Orte einen Nutzen aus unserer Präsenz ziehen muß. Das erfordert Sensibilität gegenüber den lokalen Bedürfnissen und Interessen; es erfordert größte Ehrlichkeit und Integrität in allen Beziehungen zu einzelnen oder Gruppen; es erfordert die Verbesserung und den Schutz der Umwelt sowie den Bau attraktiver Fabriken und Büros, auf die die Gemeinde stolz sein kann; und es erfordert den Einsatz von Wissen, Energie, Zeit und finanziellen Mitteln für Projekte der jeweiligen Umgebung.

Hewlett-Packard hat seine Mitarbeiter schon von jeher dazu ermuntert, sich als Privatpersonen an Projekten und Organisationen zu beteiligen, die dem Wohl ihrer unmittelbaren Nachbarschaft oder auch der gesamten Gesellschaft dienen. Schon seit 1948 engagieren sich Bill und ich in Bereichen außerhalb unseres Unternehmens. Ich arbeitete für die Schulaufsichtsbehörde in Palo Alto, und Bill war im Institute of Radio Engineers aktiv, dem Dachverband der Elektroingenieure. 1954 bekleidete er dort das Amt des Präsidenten und lernte in dieser Eigenschaft viele IRE-Mitglieder aus dem ganzen Land kennen. Da viele dieser Ingenieure Kunden von HP waren, erwies sich Bills Präsidentschaft als sehr nützlich für das Unternehmen.

Amtszeit im Beirat von Stanford

1954 wurde ich gebeten, dem Beirat der Stanford University beizutreten. Wally Sterling war zum Präsidenten der Universität berufen worden, und es gab Pläne zum Ausbau der Fakultät und zur Verlegung der Fachrichtung Medizin nach Palo Alto. Am Anfang meiner Mitgliedschaft fand ich starke Unterstützung bei Jim Black, der ebenfalls im Beirat saß und Präsident der Pacific Gas and Electric Company war. Durch ihn lernte ich die Präsidenten der Beiräte der führenden Privatuniversitäten des Landes kennen.

Juan Tripp, der Präsident von Pan American Airlines, war Vorsitzender des Beirats der Yale University, und Neil McElroy war Präsident des Beirats von Harvard. Diese und eine Reihe anderer angesehener Universitäten sollten nach den Vorstellungen ihrer Beiratspräsidenten eine Führungsrolle einnehmen. Ich wurde 1958 zum Präsidenten des Beirats von Stanford gewählt und daher auch in diese Gruppe aufgenommen. Ich erinnere mich noch an ein Treffen mit den Kongreßabgeordneten Melvin Laird aus Wisconsin und John Fogarty aus Rhode Island. Sie leiteten den Kongreßausschuß, der die Mittel für Bundesforschungsaufträge an Universitäten bewilligte. Wir baten den Ausschuß, 15 Prozent dieser Mittel an die führenden Universitäten zu vergeben; und dieser Vorschlag wurde auch angenommen. Ich bin Mel Laird nur dieses eine Mal begegnet, bevor er etwa zehn Jahre später zum US-Verteidigungsminister ernannt wurde und mich als seinen Stellvertreter ins Pentagon holte.

Mitte der sechziger Jahre waren die führenden Universitäten maßgeblich an der Abschaffung der ROTC-Programme (Reserve Officer's Training Corps; zuständig für die Ausbildung von Reserveoffizieren) beteiligt und unterstützten auch in manchen Fällen Aktivitäten, die meiner Ansicht nach nicht in ihrem Interesse waren. Beim Council of Foundations (Stiftungsrat) in New York hielt ich eine Rede, die für beträchtliches Aufsehen sorgte. Ich forderte stärkere finanzielle

Unterstützung von seiten der Wirtschaft für die Universitäten, regte jedoch gleichzeitig an, die Mittel nur zweckgebunden zu vergeben. Viele Universitätsvertreter nahmen an diesem Vorschlag Anstoß, aber damals vertrat ich eben diese Auffassung.

In meinen sechs Jahren im Beirat von Stanford standen dieser und die Universität vor großen Herausforderungen und beteiligten sich an einer Reihe wichtiger Projekte. Eines davon war die Erschließung weiterer Stanford-Gebäude für kommerzielle und industrielle Nutzung. Nachdem man knapp die Hälfte der 3,5 Hektar Land von Stanford für den zukünftigen Ausbau der Universität reserviert hatte, erarbeiteten der Beirat und die Manager ein Programm zur selektiven Verpachtung der verbleibenden Grundstücke. Auf diese Weise entstanden das überaus erfolgreiche Stanford-Einkaufszentrum und später der Stanford Industrial Park, dessen erster Pächter Varian Associates war. Mittlerweile haben sich hier zahlreiche Hochtechnologiefirmen niedergelassen, unter anderem auch Hewlett-Packard.

Eines der Hauptereignisse während meiner Amtszeit als Präsident des Beirats war die Verlegung der medizinischen Fakultät und des Krankenhauses der Stanford University von San Francisco nach Palo Alto, wo ein neues medizinisches Zentrum und Krankenhaus auf dem Stanford Campus errichtet wurden. Der Bau wurde als Gemeinschaftsprojekt der Stanford University und der Stadt Palo Alto durchgeführt. Die medizinische Fakultät war schon seit Jahrzehnten in San Francisco, und viele der Ärzte sträubten sich gegen den Umzug nach Palo Alto. Letzten Endes fand der Umzug jedoch statt und erwies sich als sehr vorteilhaft für die medizinische Fakultät und ihre Mitarbeiter, für Stanford und für die Kommune. Bill Hewlett, der immer ein starkes Interesse an Medizin und Bildung gehabt hatte, war von 1958 bis 1962 Präsident des medizinischen Zentrums und Krankenhauses.

Während meiner Zeit im Beirat von Stanford stand mir der frühere Präsident Herbert Hoover als Freund und Mentor zur Seite. Hoover war ein Mitglied der ersten Abschlußklasse der Stanford University. Von 1912 bis zu seinem Tod im Jahre 1964 war er Mitglied des Beirats von Stanford. Die vielen Jahre, in denen er öffentliche Ämter bekleidete, haben sich nachhaltig auf unser aller Bewußtsein ausgewirkt. Er trat voller Überzeugung für seine Anschauungen ein, und sein Einsatz für das Wohl der Menschheit war für ihn ein Leben lang Triebfeder seines Handelns.

In meiner Amtszeit als Präsident des Beirats der Stanford University hatte ich einmal eine besonders heikle Auseinandersetzung mit Herbert Hoover. Er befürchtete, daß Wally Sterling, der damalige Präsident von Stanford, die Berufung des Aufsichtsrates der Hoover Institution in Stanford der Fakultät überlassen wolle.

Präsident Hoover wollte mit seiner Einrichtung die Übel des Kommunismus aufzeigen. Die Fakultät pochte demgegenüber darauf, daß die Ergebnisse von Forschungsarbeiten nicht vorweggenommen werden dürften. Ich verbrachte sehr viel Zeit damit, die beiden Standpunkte miteinander zu versöhnen. Einmal im Monat reiste ich nach New York und frühstückte mit Präsident Hoover in seinem sonnigen Appartement im Waldorf Hotel. Besonders prekär wurde die Situation für mich, weil Lucile und ich mit Easton Rothwell, dem Direktor der Hoover Institution, eng befreundet waren. Präsident Hoover wollte ihn durch Glenn Campbell ersetzen, den er seit einiger Zeit kannte.

Schließlich erreichten wir doch noch eine Lösung. Präsident Hoover hatte als Stifter das Recht, die Aufgabe der Institution zu definieren. Gleichzeitig jedoch sollten die Forschungsarbeiten umfassend, objektiv und nicht durch vorgefaßte Meinungen belastet sein. Leider war sich Präsident Hoover nicht sicher, ob sich der Beirat an diese Vereinbarung halten würde, und schaffte deshalb seine persönlichen Dokumente in sein Haus in West Branch, Iowa.

In den Jahren danach lud Präsident Hoover Lucile und mich oft für eine Woche im Januar auf sein Hausboot in Key

Largo, Florida, ein. Dies gab uns die Gelegenheit, ihn auch privat näher kennenzulernen. Wir waren bei ihm zu Besuch, als Präsident John Kennedy in sein Amt eingeführt wurde. Präsident Hoover flog nach Washington, konnte jedoch wegen starken Schneefalls nicht landen, so daß er zurückkam und sich die Amtseinführung Kennedys zusammen mit Lucile und mir auf dem Hausboot im Fernsehen ansah.

Präsident Hoover war ein passionierter Angler. Bei unseren Besuchen in Key Largo war er bereits zu alt, um selbst mit hinauszufahren, aber er bestellte immer seinen bevorzugten Führer, der Lucile und mich zu guten Fischgründen brachte. Zum Ablegen begleitete er uns hinunter zum Pier, wo er uns bei der Rückkehr auch wieder empfing. Er hat sogar ein Buch zum Thema Angeln geschrieben mit dem Titel *Fishing for Fun and to Wash your Soul (Angeln zum Vergnügen und zur Reinigung der Seele)*. Darin schreibt er zum Beispiel: »Vor dem Fisch sind alle Menschen gleich.« Wir denken noch heute gerne zurück an die vergnüglichen Abende, an denen uns Präsident Hoover aus seinem ereignisreichen Leben erzählte.

Viele andere Mitarbeiter von Hewlett-Packard waren im Beirat ihrer Alma Mater, wie zum Beispiel Bill Hewlett (Stanford 1963–1974). Und natürlich haben sich noch viele andere HP-Mitarbeiter für die Beschaffung von Mitteln und bei anderen Projekten zum Wohl nicht nur ihrer eigenen Universitäten, sondern vieler Bildungseinrichtungen in den Vereinigten Staaten und auf der ganzen Welt eingesetzt. Einige unserer Mitarbeiter haben unbezahlten Urlaub genommen oder sind vom Unternehmen ›ausgeliehen‹ worden, um eine Lehrtätigkeit aufzunehmen oder spezielle Bildungsprogramme ins Leben zu rufen.

In ihren Gemeinden sind Angehörige von Hewlett-Packard oft für Planungsausschüsse, Schulbehörden, Verkehrsämter, Stadträte und andere Organisationen tätig, die kommunale Aufgaben wahrnehmen. Einige sind offiziell gewählt, andere stellen ihr Wissen und ihre Fähigkeiten auf freiwilli-

Präsident Herbert Hoover mit Lucile Packard, circa 1960. Das Foto *trägt die persönliche Widmung ›to Mrs. Packard with affection Herbert Hoover‹.*

ger Basis zur Verfügung. In die zweite Kategorie fällt ein Team von HP-Ingenieuren, das unter der Leitung von Barney Oliver 1973 bei der Lösung eines Problems im Warnsystem des Hochgeschwindigkeitszuges BART (Bay Area Rapid Transit System) in San Francisco mithalf. Das aus Freiwilligen bestehende HP-Team entwickelte kostenlos eine Lösung, die die volle Leistungsfähigkeit und Sicherheit gewährleistete.

Auch bei regionalen Wahlen haben HP-Angehörige kandidiert. In den fünfziger Jahren war unser Kommilitone aus Stanforder Tagen, Ed Porter, Mitglied im Stadtrat und dann in fünf aufeinanderfolgenden einjährigen Amtsperioden Bürgermeister von Palo Alto. Schließlich wurde er sogar Vorsitzender der League of California Cities – eine hohe Auszeichnung für den Bürgermeister einer Stadt mit rund 50 000 Einwohnern.

Aber das Engagement von HP-Angehörigen in ihren Gemeinden sorgt zuweilen auch für gewisse Probleme und Überraschungen. In den siebziger Jahren kam es in Loveland, Colorado, zu einem für uns peinlichen Vorfall. Drei Mitarbeiter der ortsansässigen HP-Fabrik kandidierten für den Stadtrat. Alle drei hatten ohne Wissen der anderen ihre Kandidatur am letztmöglichen Tag bekanntgegeben. Manche Einwohner waren nicht gerade erfreut darüber, daß drei Mitarbeiter ein und derselben Firma zur gleichen Zeit kandidierten, und einer unserer Manager in Loveland versuchte, wenigstens einen der drei von seinem Vorhaben abzubringen. Ohne Erfolg! Aber aufgrund der negativen Presse wurde keiner der drei gewählt. Dieser Vorfall war zwar peinlich, zeigte jedoch ganz deutlich, daß die Beteiligung eines HP-Angehörigen an kommunalen Angelegenheiten seine Privatsache ist.

Als unser Unternehmen in den sechziger Jahren über die Grenzen von Palo Alto hinauswuchs, ließen wir uns bei der Suche nach Standorten für zukünftige Werke von dem Gedanken an das Wohl des Unternehmens und der Gemeinschaft leiten. Unsere Wahl fiel im Verlauf der Jahre stets auf Standorte, die in der Nähe guter Universitäten und Flughäfen liegen, die über qualifizierte Arbeitskräfte verfügen, die umweltbewußt sind und in denen es sich angenehm arbeiten und leben läßt.

Wesentlich für die Standortwahl ist auch, daß die betreffende Gemeinde sich mit dem Unternehmen nicht nur abfindet, sondern es *haben* will. Die Gemeinde muß davon überzeugt sein, daß ihr neuer Nachbar außer Arbeitsplätzen auch gute Bürger mitbringt und zum Wohl der Kommune beitragen wird.

Bill und ich haben unsere Mitarbeiter, sei es auf bundesstaatlicher, auf nationaler oder auf internationaler Ebene, immer dazu ermuntert, ihr Wahlrecht auszuüben und sich auch zu Fragen zu äußern, die nicht nur ihre Arbeit, sondern die Gesellschaft insgesamt betreffen. Ich bin der festen Überzeugung, daß das Wahlrecht, unabhängig von unserer

Einstellung zu bestimmten Kandidaten und Fragen, eine Verantwortung ist, der wir uns nicht entziehen dürfen.

HP-Prinzipien im Verteidigungsministerium

Hewlett-Packard verkauft seit den Anfangsjahren Produkte an das US-Verteidigungsministerium. Diese stammen überwiegend aus unserem normalen Angebot elektronischer Meßinstrumente. Aber wir haben auch Produkte nach militärischen Anforderungen und Spezifikationen hergestellt. Ich hatte nie an ein persönliches Engagement im Verteidigungsministerium gedacht, bis ich einen Telefonanruf von Mel Laird erhielt, der dazu führte, daß ich in den Jahren 1969, 1970 und 1971 als sein Stellvertreter fungierte. In den Jahren danach war ich auch noch in mehreren Beratungsgremien tätig.

Der Anruf

Im Dezember 1968 waren Bill und ich auf unserer Ranch in Merced beim Jagen, als ich einen Anruf von Mel Laird bekam, den ich seit unserer Besprechung über die führenden Universitäten im Juli 1959 nicht mehr gesehen hatte. Er bat mich, ihm einige Namen von Geschäftsleuten zu nennen, die für seinen Mitarbeiterstab im Pentagon in Frage kämen. Er war soeben vom frisch gewählten Präsidenten Richard Nixon zum Verteidigungsminister ernannt worden.

Ich schickte ihm eine Liste von Namen, und er rief zurück und lud mich zu einem Gespräch nach Washington ein. Wir trafen uns an einem Spätnachmittag am Flughafen Baltimore und fuhren zu seinem provisorischen Hauptquartier im Hotel Carlton. Dort unterhielten wir uns über Pläne, die er in seiner Amtszeit verwirklichen wollte. Nach dem mehrstündigen Gespräch fragte er mich, ob ich sein Stellvertreter werden wolle. Das klang sehr verlockend, aber die Bestimmungen in bezug auf Interessenkonflikte waren äußerst streng. Wenn ich annahm, mußte ich mein Einkommen aus HP-Aktien und sonstigen Quellen während dieser Zeit für wohltätige Zwecke spenden. Ich sagte, ich müßte sein Angebot mit meiner Frau, mit Bill Hewlett, den Direktoren unseres Unternehmens sowie mit einigen Freunden besprechen, die etwas über das Verteidigungsministerium wußten.

Ich kehrte zurück nach Palo Alto und ließ mir den Vorschlag ungefähr eine Woche lang durch den Kopf gehen. Lucile sprach sich dafür aus, weil ich ihrer Meinung nach eine Abwechslung brauchte. Ich wußte, daß Bill Hewlett das Unternehmen genauso gut führen konnte wie ich, zumal ihm ja

Dave Packard wird 1969 als stellvertretender US-Verteidigungsminister vereidigt. Von links nach rechts: Verteidigungsminister Melvin Laird, Lucile Packard und Dave Packard.

auch ein starkes Team von Managern zur Seite stand. Es gab auch genügend Wohlfahrtsorganisationen, die ich unterstützen wollte, und nachdem ich alle Aspekte in Erwägung gezogen hatte – unter anderem hielt ich es auch für meine Pflicht, mich in den Dienst meines Landes zu stellen – entschied ich mich dafür, das Amt des stellvertretenden Verteidigungsministers zu übernehmen.

Ich gab also Mel Laird meine Zusage, und wir verbrachten die Tage vor der Amtseinführung im Januar zum größten Teil mit Planungsarbeiten für die bevorstehende Aufgabe.

Ich wußte von der starken Entfremdung zwischen Robert McNamara, dem Verteidigungsminister der Kennedy- und Johnson-Ära, und den Militärs im Ministerium. Viele Geschichten über McNamaras Auseinandersetzungen mit ihnen hatten die Runde gemacht. Eine bezog sich auf die Blockade zur Beendigung der Stationierung sowjetischer Raketen in Kuba – heute als Kubakrise bekannt.

McNamara und sein Stellvertreter riefen Admiral George Anderson, den Kommandanten der Navy, um ihm Anweisungen zur Blockade zu erteilen. Admiral Anderson soll darauf erwidert haben: »Bleiben Sie bitte mit Ihrem Stellvertreter schön im Büro. Die Blockade wird von der Navy durchgeführt.« Ich denke, McNamara hatte recht. Als Regierungsmitglied hatte er die Aufgabe, den Militärs Instruktionen zur Durchführung der Blockade zu geben.

Partizipatives Management

Mel Lairds Pläne zielten auf ein partizipatives Management und paßten daher sehr gut zu den HP-Grundsätzen, die ich in meiner Amtszeit einführen wollte.

Kurz nach meinen Amtsantritt im Pentagon suchte ich alle vier Stabschefs in ihrem Büro auf und teilte ihnen mit, daß ich mit ihnen zusammenarbeiten wolle und dafür ihre Unterstützung bräuchte.

1969 lud ich die Stabschefs auf unsere Ranch zur Rotwildjagd ein, die Bill und ich jedes Jahr veranstalteten. Sie kamen, und jeder von ihnen erlegte einen Hirsch. Wie immer hatten wir Lebensmittel mitgebracht, kochten und servierten die Mahlzeiten. Als es an den Abwasch ging, rollten die Stabschefs die Hemdsärmel hoch und halfen uns. Diese Jagd trug viel dazu bei, ein gutes Verhältnis zu den Stabschefs herzustellen. Auch in den folgenden Jahren meiner Amtszeit im Pentagon und auch nach meiner Rückkehr zu Hewlett-Packard lud ich immer wieder den einen oder anderen der Militärs zur Jagd ein, was schließlich dazu führte, daß wir ziemlich gute Freunde wurden.

Die Dokumente zu Sicherheitsfragen für Nixons Kabinett wurden im Ausschuß der Staatssekretäre vorbereitet. Den Vorsitz hatte Henry Kissinger, ich vertrat das Verteidigungsministerium; Dick Helms den CIA; Elliot Richardson das Außenministerium; Lee Dubridge und Ed David waren die Wissenschaftsberater des Präsidenten; Jim Schlesinger vertrat das Finanzressort; und manchmal waren je nach den anstehenden Themen auch andere beteiligt.

Unsere erste Aufgabe für Präsident Nixon bestand darin, Kürzungsmöglichkeiten im Verteidigungsetat zu finden, um im Haushalt zusätzliche Gelder für innenpolitische Aufgaben bereitzustellen. Dies geschah im Hinblick auf die Nixon-Doktrin: Danach sollten die von den USA unterstützten Länder mehr Selbstverantwortung für die eigene Sicherheit übernehmen, das Engagement für den Weltfrieden sollte verstärkt und Lösungen am Verhandlungstisch anstelle militärischer Lösungen angestrebt werden.

Ich unterstützte diese ehrgeizige Initiative aus innerer Überzeugung. Diese Politik konnte aber nur bei gleichzeitiger Wahrung militärischer Stärke funktionieren, die sich meiner Meinung nach jedoch auch mit geringeren Mitteln erreichen ließ. Ich teilte den Stabschefs mit, daß sie sich an den Entscheidungen über die Ansatzpunkte möglicher Etatkürzungen beteiligen sollten. Außerdem gab ich ihnen die Zusage, Kürzungsentscheidungen erst nach Anhörung der betroffenen Teilstreitkräfte dem Ausschuß der Staatssekretäre zu unterbreiten.

In wenigen Wochen mußten wir erhebliche Kürzungen vornehmen und erhielten dabei die volle Unterstützung des Militärs.

Beschaffung

Ein unerfreuliches Erbe der zurückliegenden Regierungsperiode war der ›Gesamtbeschaffungsplan‹. Dieser Plan sah vor, daß Interessenten an Rüstungsaufträgen ein Angebot für das Gesamtprojekt vorlegen mußten, das heißt für Entwicklung, Tests und Herstellung. In der Theorie kein schlechter Gedanke, aber in der Praxis völlig undurchführbar, weil niemand ein Angebot für ein Waffensystem unterbreiten konnte, das noch nicht entwickelt war.

Fast alle Projekte im Rahmen der Gesamtbeschaffungspolitik steckten in Schwierigkeiten, und wir mußten uns brauchbare Lösungen überlegen. Die C5A war ein großes Transportflugzeug, dessen technische Anforderungen sich an einigen Stellen zurückschrauben ließen, ohne seine Leistungsfähigkeit merklich zu schmälern. Als wir eine Einschränkung der Anforderungen vorschlugen, teilten uns die Anwälte mit, daß wir dann auch den Preis senken müßten, weil es sich um einen gültigen Vertrag handelte. Das brachte uns in eine sehr schwierige Lage, und letzten Endes mußte ich zur Rettung dieser Projekte beim Kongreß noch um zusätzliche Mittel bitten.

Ein Beschaffungsproblem, das kurz nach meiner Amtsübernahme auftrat und ebenfalls ein Erbe der vorigen Regierung war, betraf Lieferaufträge an drei Textilfabriken im Süden des Landes. Diese Textilfabriken hielten die gesetzlichen Vorschriften zur Beschäftigung von Angehörigen einer Minderheit nicht ein.

Zum Glück hatte ich schon Erfahrungen auf einem verwandten Gebiet gesammelt. In einer ähnlichen Situation hatte es uns bei Hewlett-Packard sehr viel Mühe gekostet, die Beschäftigungsmöglichkeit für die überwiegend schwarzen Einwohner von East Palo Alto zu verbessern. Ich hörte von Reverend Leon Sullivan, dessen Opportunities Industrial Center (OIC; etwa: Industriezentrum für Chancengleichheit) sehr viel Positives für farbige Industriearbeiter in Philadelphia erreicht hat. Ich bat ihn, mir bei der Einrichtung eines ähnlichen Projekts in East Palo Alto zu helfen, und zusammen schufen wir das Opportunities Industrial Center West (OICW). Ich lud alle Unternehmer der Gegend ein, um darauf hinzuwirken, daß die Absolventen des OICW einen Job finden würden. Das Projekt wurde zu einem durchschlagenden Erfolg.

Im Hinblick auf die drei Textilfabriken im Süden entschloß ich mich zu einem ähnlichen Vorgehen. Zwei der Werksleiter kannte ich bereits persönlich, und ich nahm Kontakt zu allen dreien auf. Ich stellte ihnen den Zuschlag für die Aufträge in Aussicht, wenn sie mir versprachen, sich für die Rechte von Minderheiten einzusetzen und angemessene Fortschritte in dieser Sache zu erzielen. Alle drei erklärten sich dazu bereit.

Auf der Grundlage dieser Vereinbarungen erteilte ich ihnen den Zuschlag. Daraufhin zitierte mich Senator Ted Kennedy vor seinen Unterausschuß, um mich zur Rede zu stellen. Ich erklärte ihm, daß ich so gehandelt hatte, weil ich aufgrund meiner Erfahrungen in Palo Alto vom Erfolg dieses Vorgehens überzeugt war. Wir brauchten die Textilien, und wenn die Fabriken keine entscheidenden Fortschritte in der Minderheitenfrage machten, standen mir zur Durchsetzung der Bestimmungen auch noch andere Möglichkeiten zur Verfügung.

Bei solchen Anhörungen erschienen oft Senatsmitglieder der Regierungspartei, um den Befragten zu unterstützen. Bei dieser Anhörung war es Senator Everett Dirksen, der mir Beistand leistete. Ich werde nie vergessen, wie er mit seiner rauhen Stimme sagte: »Er hat vollkommen recht.«

Das Prototypenprogramm

Ich begann mich über die Programme zur Beschaffung militärischer Waffen in anderen Ländern und einige der erfolgreichen Programme des Verteidigungsministeriums zu informieren. Ich erfuhr, daß das Unternehmen Dassault in Frankreich für das französische Militär zu einem Preis von rund 25 Millionen Dollar den Prototyp eines Kampfflugzeugs entworfen, gebaut und geliefert hatte. Und in den Vereinigten Staaten hatten die Lockheed-›Skunkworks‹ unter der Leitung von Kelley Johnson in relativ kurzer Zeit und zu einem vernünftigen Preis mehrere Aufklärungsflugzeuge geliefert.

Diese Programme besprach ich mit Dr. John Foster, dem Leiter der Abteilung Forschung und Technik im Pentagon, und mit Barry Shillito, dem stellvertretenden Staatssekretär der Navy, sowie mit mehreren anderen Leuten. Ich beschloß, daß ein Prototypenprogramm zum Bau von zwei Kampfflugzeugen und einigen anderen Dingen eingerichtet werden sollte. Als wir das Prototypenprogramm mit dem Satz ›Fly before you buy‹ (›Erst fliegen, dann kaufen‹) beschrieben, gab es einige Mißverständnisse, denn so etwas läßt sich nicht erreichen, ohne das Programm zu lange hinzuziehen.

Ich wollte den Bau von zwei Prototypen eines Kampfflugzeuges realisieren und das Prototypensystem auch für eine Reihe anderer Projekte verwenden. Der Kongreß verlangte, daß wir die Kosten für das Prototypenprogramm aus dem bereits genehmigten Gesamtetat bestreiten sollten. Ich widersprach dieser Forderung und machte die beträchtlichen Kürzungen geltend, die die Teilstreitkräfte bereits hatten hinnehmen müssen. Schließlich erlaubte mir der Kongreß, das Programm nach eigenem Ermessen durchzuführen. Einen Auftrag vergaben wir an McDonald-Douglas, das den Prototyp der F16 produzierte. Den anderen Auftrag für einen Prototyp, die F17, erhielt Northrop.

Die F16 wurde zum besten Kampfflugzeug der Airforce,

und die F17 wurde – unter der neuen Bezeichnung F18 – zum besten Kampfflugzeug der Navy.

Zuverlässigkeit

Abgesehen von unseren Beschaffungsproblemen zeigte sich ein gravierendes Problem, das die Zuverlässigkeit der in all unseren Flugzeugen verwandten Vakuumröhre betraf. Die F4, das damals beste Kampfflugzeug der US-Luftwaffe, hatte eine mittlere Ausfallrate, die in Tagen gemessen wurde. In Vietnam bedeutete das, daß eine F4 schon nach wenigen Einsätzen überholt werden mußte. Dieses Problem wurde einige Jahre später durch die Verwendung integrierter Schaltungen gelöst.

Die Stabschefs und das Gesamtkommando

Ich wußte eigentlich nicht sehr viel über die Organisations- und Managementstrukturen im Verteidigungsministerium, fand aber sehr schnell heraus, daß es im Grunde von einem Komitee geleitet wurde: den Stabschefs der Teilstreitkräfte. Theoretisch war es so, daß die vier Teilstreitkräfte Waffen kauften und Truppen ausbildeten. Dann stellten sie den Gesamt- und Einzelkommandos Waffen und Truppen für Kampfeinsätze zur Verfügung. Das wichtigste Einzelkommando war das Strategic Force Command unter der Leitung von General Curtis LeMay mit Hauptquartieren in Omaha, Nebraska, und im Nuclear Command Post in Colorado Springs. General LeMay war eine starke Führungspersönlichkeit und leitete seinen Bereich hervorragend.

Die Gesamtkommandos waren in einem schlechten Zustand, weil die Teilstreitkräfte jeweils selbst über die Stationierung ihrer Waffen und Truppen entschieden und der Oberkommandierende kaum Einfluß hatte. Damit nicht genug, achteten doch die jeweiligen Teilstreitkräfte kaum auf die Zusammenarbeit mit den Truppen der anderen Teilstreitkräfte. Wegen Inkompatibilität der Funkausrüstung war zwischen Marine Corps und Navy zum Beispiel kein Funkkontakt möglich. Die Airforce hatte eine Flotte B52-Bomber in Guam stationiert. Wenn diese zu einem Bombardement nach Kambodscha aufstiegen, hatten sie keine abhörsichere Funkverbindung. Die Angriffe waren völlig zwecklos, weil der Vietcong über die Angriffsziele längst Bescheid wußte.

Von all diesen Problemen erfuhr ich während meiner drei Jahre im Pentagon nichts. Aber ich fand genug heraus, um zu erkennen, daß ein grundlegender Wandel notwendig war. Das war es auch, was Präsident Eisenhower meinte, als er in seiner Abschiedsrede vor den Gefahren des ›militärisch-industriellen Komplexes‹ warnte. Die Militärs hatten zuviel politische Macht, und auch er konnte in seiner Amtszeit die notwendigen Veränderungen zur Einschränkung dieser Macht nicht durchsetzen. Nach meiner Zeit als stellvertretender Minister arbeitete ich in mehreren Ausschüssen für das Verteidigungsministerium, zuletzt als Vorsitzender der Blue Ribbon Commission on Defense Management für Präsident Reagan. In enger Abstimmung mit den Senatoren Barry Goldwater und Don Nickels arbeitete der Ausschuß darauf hin, daß als militärischer Berater des Präsidenten in Fragen nationaler Sicherheit nur noch der Vorsitzende der Stabschefs zugelassen wird.

Wie viele Militärexperten bin auch ich der Überzeugung, daß der Erfolg der US-Truppen im Golfkrieg unmittelbar auf die klare Befehlskette von Präsident Bush zum Vorsitzenden Colin Powell und von ihm zu General Norman Schwarzkopf und den ihm unterstellten Kommandeuren zurückzuführen war.

Bevor ich nach Washington ging, warnten mich sogar diejenigen, die diesen Schritt begrüßten, vor den Frustrationen durch die Bürokratie in Washington. Und sie behielten recht. Damals meinte ich, die Arbeit in Washington sei, als würde man an einem Ende eines langen Seils schieben, um das andere zu bewegen!

Die Jahre in Washington gingen auch an meiner Familie nicht spurlos vorüber. In den ersten Wochen nahm Lucile 16 Pfund ab. Sie bemerkte dazu: »Jeden Morgen, wenn ich das Radio einschaltete, wurde etwas Schreckliches über dich gesagt, und das verdarb mir das Frühstück. Wenn ich dann mittags wieder zuhörte, war es noch schlimmer, und das verdarb mir das Mittagessen. Dann bist du nach Hause gekommen und hast erzählt, was für einen fürchterlichen Tag du hinter dir hattest, und das verdarb mir das Abendessen. Wie sollte ich da zum Essen kommen?« Aber nach einiger Zeit hörte sie einfach nicht mehr Radio.

Nach drei Jahren in Washington nahm ich Ende 1971 meinen Abschied und kehrte nach Kalifornien zurück. Während meiner Amtszeit waren die HP-Aktien im Wert gestiegen, und ich hatte schätzungsweise rund 20 Millionen Dollar an wohltätige Einrichtungen gespendet.

Ich arbeitete in den folgenden Jahren auch weiterhin in Verteidigungsausschüssen und konnte dabei oft etwas bewegen. Alles in allem hat mich der Erfolg bei der Anwendung vernünftiger Managementgrundsätze im Verteidigungsministerium sehr befriedigt. Wenn ich heute zurückblicke, kann ich sagen, daß das Team von Mel Laird zu einem positiven Wandel in der militärischen Leistungsfähigkeit der USA beigetragen hat. Das heißt freilich nicht, daß sich zivile Kriterien ohne jede Einschränkung auf das Militär übertragen lassen. Offiziere arbeiten unter strengsten Verhaltensmaßregeln. Sie wissen, daß sie mit der Entscheidung für eine militärische Karriere ihr Leben für ihr Land einsetzen. Sie tragen die Verantwortung im Kampf in dem Bewußtsein, daß ein einziger Fehler über Sieg und Niederlage in einer Schlacht oder sogar im gesamten Krieg entscheiden kann. Ihre Belohnung ist die Anerkennung, daß sie ehrenvoll ihre Pflicht getan haben. Wenn sie versagen, werden sie von ihren Pflichten entbunden und an einen anderen Posten versetzt

Rückkehr zu HP

Nach meiner Rückkehr nach Kalifornien übernahm ich wieder meine Position im Vorstand von HP, und Bill Hewlett fungierte weiterhin als Geschäftsführer wie seit der Zeit meiner Tätigkeit in Washington. Ich erklärte mich bereit, die Leitung von Präsident Nixons Wiederwahlkampagne in Kalifornien zu übernehmen, eine Aufgabe, für die ich einen Großteil meiner Zeit nach der Rückkehr aus Washington aufwendete.

Mitarbeiter von Hewlett-Packard haben nicht nur in lokalen Organisationen und Regierungsämtern gearbeitet, sondern auch in Industrie- und Berufsverbänden. Weiter oben habe ich bereits die Gründung der West Coast Electronics Manufacturers Association (WCEMA; Verband der Elektronikhersteller der Westküste) im Jahre 1943 beschrieben. Der Grund hierfür war die Frustration der Unternehmen an der Westküste über den geringen Anteil an Rüstungsaufträgen, die sie im zweiten Weltkrieg von Washington erhielten. Der Verband kümmerte sich auch noch um andere Probleme und entwickelte sich nach Kriegsende zu einem immer wirksameren Sprachrohr der Branche.

Bill Hewlett und ich, und nach uns praktisch alle HP-Manager, waren früher oder später in dem Verband tätig. Er ist heute eine nationale Organisation und trägt den Namen American Electronics Association (AEA; Amerikanischer Elektronikverband). Wie notwendig die AEA und ähnliche Organisationen sind, belegt ein wesentliches Merkmal der Elektronik- und Computerbranche: Ihr gehören Tausende von kleinen Unternehmen an, von denen die meisten zu schwach sind, um sich Gehör zu verschaffen. Sie müssen sich zusammenschließen, um ihre Probleme und Sorgen gemeinsam anzupacken, um branchenweite Standpunkte und Anschauungen zu wichtigen Fragen zu erarbeiten und um den Austausch mit staatlichen Stellen positiv zu gestalten.

Wohltätigkeit

Aus meiner Sicht hat ein Unternehmen auch eine gesellschaftliche Verpflichtung gegenüber dem Gemeinwesen, förderungswürdige Organisationen finanziell zu unterstützen. Dieses karitative Engagement der Unternehmen ist noch eine relativ neue Entwicklung, hat sich jedoch mittlerweile auf breiter Basis durchgesetzt. Vor 1950 bestand in den USA keine Klarheit darüber, ob Wirtschaftsunternehmen für wohltätige Zwecke spenden dürften. Zu dieser Zeit jedoch fingen einige weitblickende Geschäftsleute an, Universitäten und andere private Einrichtungen durch Spendenbeiträge zu unterstützen. Die Rechtmäßigkeit von Spenden dieser Art wurde in Zweifel gezogen und in einer gerichtlichen Auseinandersetzung bis hinauf zum Supreme Court überprüft. 1953 entschied der Oberste Gerichtshof, daß gewinnorientierte Unternehmen tatsächlich zu Spenden für wohltätige Zwecke befugt sind, wenn diese Spenden den allgemeinen Interessen des Unternehmens und seiner Aktionäre dienen. Die US-Steuergesetzgebung wurde entsprechend abgeändert und erlaubte eine Absetzung karitativer Spende von höchstens 5 Prozent des Gewinns vor Steuern. Seither hat sich das Spendenaufkommen von Unternehmensseite in den USA stark erhöht und mittlerweile die Grenze von 6 Milliarden Dollar jährlich überschritten.

Hewlett-Packard gehört zu den besonders großzügigen Unternehmen: 1994 beliefen sich die Spenden in Form von finanziellen Zuschüssen und Sachleistungen auf insgesamt 64,4 Millionen Dollar. Über die Vergabe von Spenden entscheiden zumeist Komitees, die aus freiwilligen Mitarbeitern bestehen. Einige Sachleistungen setzen sich aus einer Kombination von verschiedenen Produkten zusammen, und Freiwillige aus den Abteilungen Vertrieb und Kundenunterstützung sorgen dafür, daß die Ausrüstung nach den Wünschen der Empfängerorganisation konfiguriert, installiert und betrieben wird. Produktspenden werden ausschließlich

Julie Packard und Dave Packard bei der Eröffnung des Monterey Bay Aquarium, 1984, einem Projekt der Packard Family Foundation.

im Hinblick auf spezifische, klar umrissene Bedürfnisse vergeben.

Das Wort *karitativ* leitet sich vom griechischen Wort für ›Nächstenliebe‹ her. Private Initiativen zum Wohle der Gesellschaft gibt es bereits seit der Antike. Unabhängig vom karitativen Wirken von Hewlett-Packard wurden 1964 von meiner inzwischen verstorbenen Frau und mir eine wohltätige Stiftung sowie 1966 die *William and Flora Hewlett Foundation* gegründet.

Einem Wirtschaftsunternehmen stehen als Organisation und durch die individuellen Anstrengungen seiner Mitarbeiter zahllose Möglichkeiten offen, um wichtige Beiträge zum Gemeinwohl zu leisten. Die Verbesserung unserer Gesellschaft darf als Aufgabe nicht einigen wenigen überlassen werden. Die Verantwortung dafür sollten alle tragen.

Nachwort

Der Gedanke an das phänomenale Wachstum der Elektronikbranche in den vergangenen fünfzig Jahren macht mir bewußt, was für ein Glück Bill Hewlett und ich hatten, diese Entwicklung von Anfang an miterlebt und mitgeprägt zu haben. Aber mir fällt dazu auch eine persönliche Geschichte ein. In meinem zweiten Jahr an der Stanford University besuchte ich einen Kurs über amerikanische Geschichte, der sich – angefangen bei den ersten Pionieren bis zum Ende des 19. Jahrhunderts – mit der ›Go West‹-Bewegung beschäftigte. Ich weiß noch, daß ich mich darüber beklagte, hundert Jahre zu spät geboren zu sein; alle Grenzen seien bereits erreicht; meiner Generation fehle es an Gelegenheiten zu Pionierleistungen, wie sie sich unseren Vorfahren geboten hatten. Und doch erlebten wir auch im 20. Jahrhundert atemberaubende Entwicklungen.

In diesem Jahrhundert wurde die Wissenschaft zum dominierenden Faktor für den Fortschritt. Es gab zwei Weltkriege, in denen Millionen von Menschen ihr Leben verloren. Doch am Ende dieses Jahrhunderts berechtigt vieles zu der Hoffnung, daß es keine Weltkriege mehr geben wird, auch wenn es den Anschein hat, als würde das sinnlose Töten von Menschen in zahlreichen religiös und ethnisch bedingten Konflikten noch eine Zeitlang andauern.

Im 20. Jahrhundert haben wir schwindelerregende Fortschritte erlebt, die zum großen Teil auf naturwissenschaftlichen Erkenntnissen aus früheren Jahren aufbauten. Diese Wissenschaft, die gegen Ende des vergangenen Jahrhunderts bereits weitestgehend etabliert war, basierte auf der Vorstellung des Atoms als kleinstem Teil des Universums, das aus einem Kern von Protonen und Neutronen, umgeben von

Elektronen auf Kreisbahnen, besteht. Ausgehend von diesem Konzept wurde das Periodensystem erarbeitet und die Atombombe entwickelt.

Am Ende des zweiten Weltkriegs starteten die USA und ihre Verbündeten wie auch die Sowjetunion kostspielige Programme im Bereich Hochenergiephysik, um das militärische Wettrüsten zu gewinnen. Keine der beiden Seiten hat dieses Ziel je erreicht. Doch im Verlauf dieser Entwicklung entdeckte man, daß das Atom nicht das kleinste Teil im Universum ist, sondern selbst zehn kleinere Teilchen mit schwachen und starken Kräften enthält, die nicht dem Newtonschen Gravitationsgesetz der Schwerkraft gehorchen. Aufgrund des alten Atommodells konnten wir Materialien herstellen, die in der Natur vorkommen, wie zum Beispiel Diamanten. Aber dank des neuen Atombegriffs können wir Materialien schaffen, die in der Natur nicht vorkommen – Stoffe, die härter sind als Diamanten, und dehnbares Glas. Diese Entdeckung führte zum Feld der Gentechnologie mit vollkommen neuen wissenschaftlichen Möglichkeiten. Wohin ich auch blicke, sehe ich Möglichkeiten für Entwicklungen und Entdeckungen, die alles in den Schatten stellen, was wir im 20. Jahrhundert erlebt haben.

Exponentielles Wachstum beruht auf einem Prinzip, das besagt, daß das Maß der Veränderungen den dafür aufgewandten Anstrengungen entspricht. Im 21. Jahrhundert werden sehr viel größere Anstrengungen notwendig sein als noch in unserem Jahrhundert. Hewlett-Packard bietet ein gutes Beispiel: Nach seiner Gründung im Jahre 1939 brauchte das Unternehmen vierzig Jahre, um einen weltweiten Jahresumsatz von 1 Milliarde Dollar zu erreichen, wobei ein großer Teil davon der Inflation zuzuschreiben war. Das Geschäftsjahr 1994 begannen wir mit einem weltweiten Jahresumsatz von 20 Milliarden Dollar und beendeten es mit einem Umsatzzuwachs von weiteren 5 Milliarden Dollar. Das Ganze weitgehend ohne Inflation. Andere Technologieunternehmen zeigen ein ähnliches Wachstum.

Wie in der Vergangenheit wird unser Wachstum auch in Zukunft von neuen Produkten bestimmt werden. 1994 gaben wir 2 Milliarden Dollar für die Entwicklung von Produkten aus. Seit 1939 haben wir im Zeitraum von fünf bis sechs Jahren mit jedem in die Entwicklung von Neuprodukten investierten Dollar mindestens 6 Dollar Gewinn erzielt. Unter neuen Produkten verstehe ich nicht Erzeugnisse, die Vorhandenes kopieren, sondern solche, die einen wirklichen Beitrag zum technologischen Fortschritt beinhalten. Dies muß auch in Zukunft unser Maßstab bleiben.

In jüngerer Zeit wird viel über die Entwicklung eines Information-Superhighway (Datenautobahn) gesprochen. Dies läßt sich mit bereits vorhandenen Produkten und Technologien bewerkstelligen. Das 21. Jahrhundert wird jedoch weit mehr sein als ein Zeitalter der Information. Es wird ein Zeitalter sein, in dem viele Arten neuer Produkte zu einem besseren Leben für die Menschen auf dieser Welt beitragen werden. Unser Unternehmen wird sein Bestes geben, um seinen Anteil an dieser Aufgabe zu erfüllen.

Danksagung

Dieses Buch wurde von Dave Kirby und Karen Lewis redaktionell betreut, deren Tätigkeit sich als unschätzbare Hilfe erwies.

Unterstützung erhielt ich auch von vielen anderen, ohne die dieses Buch vielleicht nie entstanden wäre. Besonderen Dank schulde ich Bill Terry, Dick Hackborn, Al Bagley, Barney Oliver, Art Fong, Dick Were und meiner Privatsekretärin Gretchen Dennis, die bei der Zusammenstellung des Materials mithalf. Auch Margaret Paull, meiner Sekretärin im Unternehmen, möchte ich an dieser Stelle für ihre Mitarbeit danken.

Die Genauigkeit dieses Berichts ist im wesentlichen ihrem Einsatz zu verdanken; für die Fehler bin allein ich verantwortlich.

Im Abschnitt über meine Tätigkeit als stellvertretender Verteidigungsminister der USA habe ich mich auf Aspekte beschränkt, die eine Anwendung des ›HP-Way‹ auf das Department of Defense beinhalten, sowie auf wichtige Managementveränderungen in enger Zusammenarbeit mit dem Vorsitzenden der Stabschefs.

Anhang 1

Historische Höhepunkte der Hewlett-Packard Company

1938

- Dave und Lucile Packard ziehen in das Haus an der 367 Addison Avenue in Palo Alto, Kalifornien; Bill Hewlett mietet eine Hütte dahinter. Bill und Dave beginnen mit 538 Dollar Startkapital in der Garage.

1939

- Gründung des gemeinsamen Unternehmens am 1. Januar 1939. Ein Münzwurf entscheidet über den Firmennamen.

1940

- Umzug aus der Garage in ein Mietshaus neben Tinker Bells Werkstatt an der Ecke Page Mill Road und El Camino Real, Palo Alto.
- Umsatz: 34 000 Dollar; Mitarbeiter: 3, Produkte: 8.

1942

- Bau des ersten HP-eigenen Gebäudes an der 395 Page Mill Road, Palo Alto (Redwood Building).

1947

- Gründung der Aktiengesellschaft am 18. August.
- Umsatz: 679 000 Dollar; Mitarbeiter: 111.

1951

- Umsatz: 5,5 Millionen Dollar; Mitarbeiter: 215.

1957

- Erster öffentlicher Handel mit HP-Aktien am 6. November.
- Schriftliche Niederlegung der Unternehmensziele von HP.
- Aufnahme der Produktion im ersten HP-Gebäude im Stanford Industrial Park, Palo Alto.

1958

- Erste Übernahme von HP: F. L. Moseley Company, Pasadena, Kalifornien; Hersteller von hochwertigen XY-Schreibern.
- Umsatz: 30 Millionen Dollar; Mitarbeiter: 1778; Produkte: 373.

1959

- Beginn der Aktivitäten in Übersee durch Gründung einer europäischen Marketingorganisation in Genf und der ersten Produktionsanlage außerhalb von Palo Alto in Böblingen.

1960

- Gründung des ersten US-Werkes außerhalb von Palo Alto in Loveland, Colorado.

1961

- Eintritt in den medizinischen Bereich durch Übernahme der Sanborn Company in Waltham, Massachusetts.
- Eintragung an der New Yorker und der Pazifik-Börse.

1962

- Erste Erwähnung von HP in der Liste der größten US-Industrieunternehmen des Magazins Fortune: Platz 460.

1963

- Erstes Joint-Venture (mit Yokogawa Electric Works): Yokogawa-Hewlett-Packard, Tokio.

1964

- 25jähriges Firmenjubiläum.

- Dave Packard wird zum Vorstandsvorsitzenden gewählt; Bill Hewlett wird zum Präsidenten gewählt.

1965

- Eintritt in den Markt für chemische Analyseinstrumente durch die Übernahme der F&M Scientific Corporation in Avondale, Pennsylvania.
- Umsatz: 165 Millionen Dollar; Mitarbeiter: 9000

1966

- Gründung der HP Laboratories. Wichtigste Forschungseinrichtung des Unternehmens und zugleich eines der führenden Forschungszentren der Elektronikindustrie in der ganzen Welt.

1969

- Dave Packard wird zum stellvertretenden Verteidigungsminister der USA ernannt (bis Ende 1971 im Amt).

1970

- Umsatz: 365 Millionen Dollar; Mitarbeiter: 16 000.

1977

- Berufung John Youngs zum HP-Präsidenten; 1978 Ernennung zum Geschäftsführer.

1980

- Umsatz: 3 Milliarden Dollar. Mitarbeiter: 57 000.

1985

- HP Laboratories eröffnet Forschungseinrichtung in Bristol, Großbritannien.
- Umsatz: 6,5 Milliarden Dollar. Mitarbeiter: 85 000.

1987

- Bill Hewlett geht als stellvertretender Vorstandsvorsitzender in den Ruhestand. Walter Hewlett (Bills Sohn) und

David Woodley Packard (Daves Sohn) werden in den Vorstand gewählt.

1988

- Die Aufträge erreichen ein Volumen von mehr als 10 Milliarden Dollar.
- Börseneinführung der HP-Aktien in Tokio – erste Einführung außerhalb der USA.
- HP ist unter den ersten 50 der *Fortune* 500-Liste: Platz 49.

1989

- 50jähriges Firmenjubiläum.
- HP-Aktien werden an vier europäischen Börsen eingeführt: London, Zürich, Paris und Frankfurt.
- Übernahme des Workstationherstellers Apollo Computer in Chelmsford, Massachusetts.

1990

- HP Laboratories eröffnet Forschungseinrichtung in Tokio.
- Umsatz: 13,2 Milliarden Dollar. Mitarbeiter: 91 500.

1992

- Lew Platt wird zum Präsidenten und Geschäftsführer von HP ernannt.

1993

- Dave Packard geht als Vorstandsvorsitzender in den Ruhestand.
- Lew Platt wird zusätzlich zu seinen Funktionen als Präsident und Geschäftsführer zum Vorstandsvorsitzenden ernannt.
- Auslieferung des 10millionsten HP-Laserjet-Druckers. Umsatz: 20,3 Milliarden Dollar. Mitarbeiter: 96 200.

1994

- Umsatz: 25 Milliarden Dollar. Mitarbeiter: 98 400.
- Spenden in Höhe von über 64 Millionen Dollar an Lehr- und Bildungsstätten sowie an andere gemeinnützige Organisationen.

1989 wird die HP-Garage (hinten links) vom kalifornischen Staat als Geburtsort von Silicon Valley unter Denkmalschutz gestellt. Bill Hewlett und Dave Packard bei der Einweihung.

1995

- Umsatz: 31,5 Milliarden Dollar. Die 100 000 Mitarbeiter-Grenze wird überschritten.

1996

- Umsatz: 38,4 Milliarden Dollar.
- David Packard, Mitbegründer neben Bill Hewlett, stirbt am 26. März 1996.

1997

- Umsatz: 42,9 Milliarden Dollar, der Gewinn nach Steuern steigt auf über 3 Milliarden Dollar.
- HP ist damit das drittgrößte Unternehmen im Bereich der Informationstechnologie. Allein die deutsche Hewlett-Packard GmbH ist mit ihrem Jahresumsatz von 8 Milliarden DM das drittgrößte IT-Unternehmen in Deutschland.

Anhang 2

Innovative Produkte von Hewlett-Packard

Zum Zeitpunkt seiner Einführung bedeutete jedes der unten erwähnten Produkte einen technologischen Fortschritt gegenüber dem jeweiligen Stand der Technik. Diese Liste ist keineswegs vollständig und vermittelt einen Eindruck von der Geschwindigkeit, mit der sich die Technologie in den letzten 54 Jahren weiterentwickelt hat, und von der Flexibilität, mit der die Hewlett-Packard Company jeweils reagiert hat.

1939

- Bill Hewletts Untersuchungen zur negativen Rückkopplung in Stanford führen zum ersten HP-Produkt: einem Tonfrequenzoszillator. Das Prinzip der Rückkopplung bildet auch die Grundlage für andere frühe HP-Produkte wie einen harmonischen Spektrumanalysator und mehrere Klirrfaktormeßgeräte.

1943

- Mit Signalgeneratoren, die für das Naval Research Laboratory entwickelt wurden, und einem Radarstörgerät liefert HP erstmals Produkte für den Mikrowellenbereich. Nach dem zweiten Weltkrieg folgt ein komplettes Sortiment von Meßgeräten für diesen Markt. Dank vieler Beiträge im Bereich zwischen Tonfrequenz- und Mikrowelle wird HP zum anerkannten Marktführer für Signalgeneratoren.

1951

- Die Frequenzmessung wird durch den genauen und leicht zu bedienenden Hochfrequenzzähler von HP revolutioniert.

1960

- Ein HP-Oszilloskop verwendet zum ersten Mal das Samplingverfahren für Messungen in der Digitaltechnik.

1963

- Die Anwendung der Frequenzsynthese führt zum ersten Synthesizer, der elektrische Signale in exakte Frequenzen umwandelt. Dieses Produkt, Resultat einer Teamarbeit, bietet eine bis dahin unmöglich scheinende Auflösung. Es bietet zudem die Möglichkeit der elektrischen Programmierbarkeit – ein wichtiger Punkt im sich schnell entwickelnden Markt für automatische Testgeräte.

1964

- Der Mikrowellenspektrumanalysator von HP erlaubt als erstes Gerät seiner Art die exakte Analyse einzelner Signale innerhalb eines Frequenzbands.

1966

- HP stellt seinen ersten Computer vor. Er ist als vielseitige Steuereinheit für die wachsende Familie der programmierbaren Test- und Meßinstrumente von HP entwickelt worden. Diese Kombination von Computer und Meßtechnik verschaffte HP einen noch heute vorhandenen Wettbewerbsvorsprung.

1967

- Die Hewlett-Packard GmbH in Deutschland entwickelt einen nichtinvasiven fetalen Herzfrequenzmonitor zur Überwachung während des Geburtsvorganges.
- Schon seit geraumer Zeit interessiert man sich bei HP für die exakte Messung von Frequenz und Zeit, wobei der Schwerpunkt auf der Frequenz liegt. Das Unternehmen beschließt, sich mit dem in Entwicklung befindlichen Markt für Atomuhren zu befassen. 1964 hatte man bereits ein äußerst exaktes, tragbares Caesium-Frequenznormal entwickelt, und 1967 flogen HP-Ingenieure ihre

Die Atomuhr von HP wird 1964 am Kennedy Airport in New York an Bord eines Flugzeugs der Swissair gebracht. Nach der Ankunft in der Schweiz wird sie zur Synchronisierung internationaler Zeitstandards eingesetzt.

Uhren mit diesem Zeitstandard in achtzehn Länder, um die internationalen Zeitstandards zu synchronisieren. Caesium-Frequenznormale werden in den folgenden Jahren zu internationalen Zeitstandards.

1968

- Hewlett-Packard stellt den ersten programmierbaren wissenschaftlichen Tischrechner vor. Dieser Rechner ist eigentlich ein Tisch-Computer und verbindet umgekehrte polnische Notation mit einem besonderen Algorithmus, der die Berechnung trigonometrischer und logarithmischer Funktionen erlaubt.
- HP bringt die ersten Leuchtdioden auf den Markt und lei-

stet damit einen wichtigen Beitrag für die Anzeigentechnologie.

1969

- Die erste automatische Probeneingabevorrichtung für Chromatographie wird vorgestellt.
- HP bringt sein erstes Betriebssystem für einen Minicomputer auf den Markt, das bis zu sechzehn Anwender unterstützt.

1970

- Ein vollautomatischer Mikrowellen-Netzwerkanalysator wird vorgestellt. Er wird zu einem unverzichtbaren Instrument für die Entwicklung und Fertigung von Mikrowellensystemen.

1971

- Die Arbeit mit Lasern führt zur Entwicklung eines Laser-Interferometers, der bis zu einem Millionstel Zoll genau messen kann. Der Laser-Interferometer von HP ist nach wie vor das bevorzugte Gerät bei der Herstellung von Chips. Eine ähnliche Technologie wird später in Geräten für die Vermessungstechnik eingesetzt.

1972

- HP ermöglicht technisch-wissenschaftliche Berechnungen mit einem Rechner in Taschengröße. Der HP 35 wird schlagartig zum Erfolg und verdrängt den Rechenschieber.

1973

- HP's kleines Mehrzweck-Computersystem ist das erste kommerziell vertriebene Datenverarbeitungssystem der Branche.
- In den späten sechziger Jahren hatte das Unternehmen mit der Verwendung von integrierten Schaltungen in Instrumenten begonnen. Bald wurde erkannt, daß das für Analogentwicklung so wichtige Oszilloskop für den Digitalbereich nicht ausreicht. Daher entwickelte HP Logikanalysa-

toren. Diese wurden in der schnell wachsenden Digitaltechnik zu den bevorzugten Geräten.

1974

- Der erste Minicomputer, der nicht mehr mit Magnetkernspeichern arbeitet, sondern mit einem 4K dynamischen Halbleiterspeicher (DRAM).
- Der erste elektronische Tischrechner von HP, 1968 eingeführt, war programmierbar und konnte Daten und Programme auf kleinen Magnetkarten speichern. Der Taschenrechner von 1974 ist programmierbar und verfügt über einen Magnetkarten-Lese/Schreibkopf. Integrierte Schaltungen haben die Leistungsfähigkeit des Gerätes stark verbessert.

1975

- HP vereinfacht den Aufbau von Instrumentensystemen durch die Schaffung einer Standardschnittstelle. Die Industrie übernimmt den HP-IB-Interfacebus als internationalen Standard zum Anschluß eines oder mehrerer Instrumente an einen Computer.

1976

- HP führt ein mikroprogrammiertes Softwarepaket ein, das für technische Computerprogramme wie FORTRAN eine zehnfach höhere Betriebsgeschwindigkeit ermöglicht.

1978

- HP-Ingenieure entwickeln eine neue Computersprache mit dem Namen ECG Criteria Language. Es ist eines der ersten Systeme mit künstlicher Intelligenz und ermöglicht den HP-Computern die Analyse von Elektrokardiogrammen.

1979

- HP führt Quarzglaskapillare ein, die die chemische Analyse vereinfachen und die Untersuchung einer höheren Zahl von Komponenten ermöglichen.

- Ein neuer Diode-array-Detektor für die chemische Analyse ermöglicht schnellere Meßergebnisse.

1980

- Einführung eines 64-Kanal-Ultraschall-Bildgerätes, das aufgrund seiner Schnelligkeit bewegliche Echtzeitbilder des schlagenden Herzens liefern kann.
- HP stellt den ersten Laserdrucker vor, der so schnell und preisgünstig ist, daß man ihn auch außerhalb des zentralen Rechnerraums verwenden kann.

1981

- Die NMOS-III-Technologie von HP liefert Chips mit 600 000 Transistoren – viele Jahre lang die höchste Dichte.

1982

- Das von HP Ltd. in Großbritannien entwickelte Electronic-Mail-System ist das erste bedeutende großräumig verwendbare kommerzielle Netz, das auf Minicomputern basiert.
- Das Signal Data Network (Signaldatennetz) von HP kann als erstes seiner Art Daten so schnell übertragen, daß 24 Krankenhausbetten von einer Zentralstation aus überwacht werden können.

1984

- Die von HP entwickelte Thermotintenstrahltechnologie kommt in Form eines hochwertigen, preisgünstigen Tischdruckers auf den Markt.
- HP stellt den HP LaserJet vor, heute der beliebteste Tischdrucker der Welt.

1985

- Der weltweit erste Nerzwerkanalysator auf Mikroprozessorbasis ermöglicht Anwendern schnelle und bequeme Messungen nahezu in Echtzeit und über einen bis dahin unerreichten Frequenzbereich.

1986

- HP führt als erster bedeutender Computerhersteller eine Computerarchitektur auf RISC-Basis (Reduced Instruction Set Computing; Rechner mit reduziertem Befehlssatz) ein.
- Sowohl Yokogawa-Hewlett-Packard als auch die Böblingen Instrument Division stellen Halbleiter-Testsysteme vor, die zu den führenden Produkten ihrer Art werden.

1988

- Das digitale Multimeter erlaubt hochpräzise, hochauflösende und Hochfrequenz-Spannungsmessungen mit einem Instrument.
- Die New Wave-Softwareumgebung verwendet eine graphische Schnittstelle zur leichteren Benutzung von Computern und zur Automatisierung von Routineanwendungen.
- Die neue Superworkstation ermöglicht die Darstellung von Bewegungen für Anwendungsgebiete wie Wettervorhersage, medizinische Darstellung und mechanische Konstruktion.
- Ein Analysator zur Messung der für die optische Telekommunikation benutzten Übertragungsbandbreiten im Terahertzbereich wird vorgestellt.

1989

- Der Atomemissionsdetektor von HP ist das erste Analyseinstrument, das bei der Gaschromatographie alle Elemente außer Helium feststellen kann.
- HP stellt TMSL (Test and Measurement Systems Language) vor. Dadurch wird das Problem des Schreibens von Software für die Kommunikation verschiedener Instrumente in einem Testsystem gelöst. TMSL wird zur Basis eines neuen Industriestandards.

1990

- Ein Durchbruch in der Halbleitertechnologie führt zur Entwicklung des CMOS-Chips, der Minicomputer so leistungsfähig wie einen Großrechner macht.

- HP betritt mit seinem neuen Gerät zur Extraktion superkritischer Flüssigkeiten den Markt.

1991

- Der HP-Farbscanner ermöglicht Computern das Einlesen von Fotos und anderen Bildern.
- HP führt einen auf Tintenstrahltechnik basierenden Normalpapier-Farbdrucker für den Heim- und Bürogebrauch ein.
- Der Palmtop-Computer von HP ist ein weiterer Durchbruch. Der PC mit 640KB wiegt 310 Gramm, hat die Größe eines Scheckheftes und bietet Kommunikationsmöglichkeiten über eine Infrarotverbindung.

1992

- HP führt ein 1,3-Zoll-Diskettenlaufwerk ein, es ist das kleinste Diskettenlaufwerk der Welt.
- Ein neues Kardiovaskular-Ultraschallsystem zeigt ein Bild des Herzens, das Ärzten eine noninvasive Herzanalyse in Echtzeit ermöglicht. Der Optical Spectrum Analyser ist ein wichtiges neues Produkt im schnell wachsenden Feld optischer Kommunikation.
- Vorstellung des neuen Einschuboszilloskops von HP, das für die Entwicklung von schnellen digitalen Elektronikprodukten verwendet wird.

1993

- Ein Analysesystem für Kapillar-Elektrophorese bietet Biophysikern neue Trennmöglichkeiten.
- Ein Netzwerküberwachungssystem liefert Anbietern von Telekommunikationsdiensten Echtzeitdaten über Probleme im Netz.
- HP führt den kleinsten und leichtesten tragbaren Personalcomputer der Welt ein. Er hat ein Gewicht von rund 1300 Gramm und läuft acht Stunden mit Mignonzellen.

1994

- HP stellt die hellsten Leuchtdioden der Welt vor. Dank ihrer hohen Leuchtkraft, Zuverlässigkeit und ihres niedrigen Stromverbrauchs haben sie Glühlampen in vielen Anwendungen verdrängt.

1996

- Einführung des HP LaserJet 5SI-Drucker ›Mopier‹, dem ersten Drucker im Geschäftsbereich, der die Vorteile des Netzwerkdruckers mit denen eines Fotokopiergerätes verbindet.

1997

- Die HP PhotoSmart Digitalkamera eröffnet die Möglichkeit, Digitalfotos von der Kamera direkt auf den PC zu laden, mit dem man die Fotos speichern, bearbeiten und drucken kann.
- HPs Intranet ist das größte Inhouse-Kommunikations-Netz der Welt, mit dem 120 000 User arbeiten.

Anhang 3

Aufträge nach Jahr der Produkteinführung

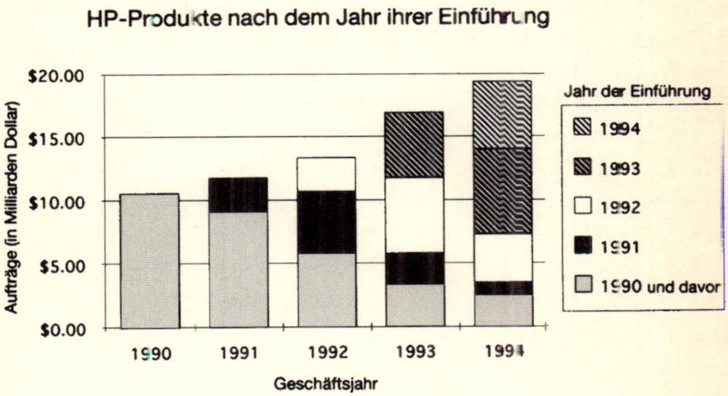

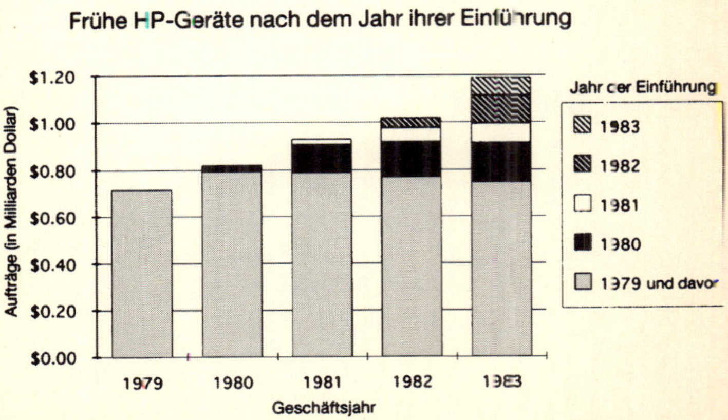

Diese Schaubilder stellen den Zusammenhang zwischen dem Auftragsverlauf und dem Jahr der Einführung von HP-Produkten dar.

Jeder Balken zeigt das Gesamtauftragsvolumen des jeweiligen Jahres; der obere Abschnitt des Balkens zeigt den Anteil der im jeweiligen Jahr eingeführten Produkte am Gesamtumsatz.

Das erste Schaubild zeigt die Schlüsselrolle neuer Produkte für das Wachstum von Hewlett-Packard in jüngerer Zeit.

Im Vergleich dazu zeigt das zweite Schaubild die Langlebigkeit der HP-Produkte, ehe Personalcomputer und andere digitale Produkte ihren Siegeszug antraten.